ENJOY & INVESTMENT

U0836810

Wine

左手投资 右手享受

葡萄酒经验

Experience

浪漫、顽皮、执着，葡萄酒的法国心；法国珍酿中国情

以中国情分享葡萄酒的杯酒世界。

王敏　李青云／著

中国财政经济出版社

图书在版编目（CIP）数据

左手投资　右手享受：葡萄酒经验 / 王敏，李青云著. —北京：中国财政经济出版社，2011.2

ISBN 978-7-5095-2564-7

I. ①左… II. ①王… ②李… III. ①葡萄酒—基本知识 IV. ①TS262.6

中国版本图书馆 CIP 数据核字（2010）第 203761 号

中国财政经济出版社出版

URL: http: // www.cfeph.cn

E-mail: cfeph@cfeph.cn

社址：北京市海淀区阜成路甲 28 号　邮政编码：100142

发行处电话：88190406　财经书店电话：64033436

北京新华印刷有限公司印刷　各地新华书店经销

787×1092 毫米　16 开　19 印张　295 000 字

2011 年 3 月第 1 版　2011 年 3 月北京第 1 次印刷

印数 1—6000　　定价 98.00 元

ISBN 978-7-5095-2564-7/F·2181

（图书出现印装问题，本社负责调换）

本社质量投诉电话：010-88190744

序

葡萄酒对于我的意义：葡萄酒令人生丰富。也许，以我的阅历并不足以让大家信服葡萄酒的价值，偶像的力量是无穷的，偶像说：

葡萄酒是阳光凝成的液体。

——伽利略

葡萄酒是一餐的智慧部分，肉只是物质而已。

置一杯香槟在我的墨水池边，她会给我的笔闪动的灵感。

——大仲马

第二次世界大战时期，法国被德国占领，英国首相丘吉尔在号召对德国进行反击时呼吁：“先生们，请记住，我们不是为了法国而战，而是为了香槟！”

好酒有两项优点。一是它很容易影响你的头脑，使那些愚蠢、忧郁的想法烟消云散。二是它使你热血沸腾，随之而来的就是勇气。

——莎士比亚

对于将死之人建议他们饮用这种强劲的饮料（葡萄酒），他们身体里充满着苦涩，就会忘记痛苦。

——圣经

波德莱尔：《酒魂》(L'Ame du vin)，诗里的前三个诗节写道：

有一天晚上，葡萄酒全心地吟唱：
憔悴丧志的亲爱人儿，让我从
贴着鲜红封口的玻璃囚房，
向你高吟一首灿烂、博爱的歌曲！

我知道在烈焰当空的山坡上，
人们需要操劳、流汗，
才能赋与我灵魂、名衔与生命，
所以我不会忘恩地伤害你。

当饱经沧桑的人们把我吞入喉，
我会感受到无比的喜悦，
因为他们温暖的胸膛是我美妙的坟场，
远比那阴冷的酒窖更迷人。

记得，遇到对葡萄酒有兴趣，又对葡萄酒能够给予的精神享受充满怀疑的友人，我们总是“不得已”安排一次法国葡萄酒与法国料理的餐宴。开始时，他们是被为什么所吸引：“奇怪，为什么越来越多人喜欢葡萄酒？”

当第一支开胃酒为大家打开味蕾；第二支白葡萄酒为大家绽放；第三支、第四支红葡萄酒丰富而复杂地变化；第五支贵腐葡萄酒完美地谢幕时，大家“Hi”到放弃平日里的矜持，快乐享受葡萄酒这一饮品给自己精神上带来的愉快时，一次法国葡萄酒的体验，如同呈现了一次法国葡萄酒文化之旅，宛如“田园交响曲”呈现在餐桌上。快乐，充分地带给大家精神上的满足。这是其他的消费品所无法给予的。狄德罗说：“没有诗歌，没有音乐，没有艺术，没有良心，没有感情，没有书籍，我都可以活下去，但是作为文明人的我离不开美食。”

我说：没葡萄酒，法国料理将“黯淡无光”。

美食美酒让大家感受到，享受葡萄酒，如同人生的不同乐章。年轻时单纯、富有活力，步入中年时丰富、多姿，晚年时悠然自得。美国有一部电影《杯酒人生》，这个名字无比贴切地表达了葡萄酒的意义。常用这样一句话来形容葡萄酒：一瓶一世界，这如同我们这世界没有一个重复的个体一样丰富多姿。

这是葡萄酒文化的秘密。

作者

2010年10月

目录

葡萄酒的秘密

你的葡萄酒

名庄的魅力

葡萄酒的迷惑

葡萄酒的收藏与投资

名庄葡萄酒价值的秘密

法国葡萄酒产区小撷

不能不说的艺术与美酒

葡萄酒的秘密

WINE ECONOMY

应酬的场合从未有人说葡萄酒好喝，许多人因为它是“拉菲”，因为它是“柏图斯”而喝它。当我还对葡萄酒一无所知的时候，我不知道该怎么去买一瓶葡萄酒。当我第一次喝葡萄酒的时候，我并没有觉得葡萄酒好喝。当葡萄酒兑雪碧是一种流行时，它还没有雪碧好喝。当我喝到那一瓶醇美的葡萄酒时，我开始明白，为什么葡萄酒会让人爱上它，而又有那么多人疑惑葡萄酒有什么好？

数不清的葡萄酒品牌，搞不懂的此葡萄酒跟彼葡萄酒的区别；葡萄酒是不是让人一筹莫展，是不是让人觉得高深莫测，我们用方法论解决问题。

顶级名庄木桐2004年份酒厚重醇美　　科隆贝干白果味十足　　科罗纳桃红轻巧顺口　　帕夏尔冰葡萄酒清爽怡人

琳琅满目的葡萄酒

喝葡萄酒的理由

烦恼的时候喝葡萄酒，让你得到安慰；高兴的时候喝葡萄酒，更加欢快。

记得，遇到对葡萄酒有兴趣，又对葡萄酒能够给予的精神享受充满怀疑的友人，我们总是“不得已”安排一次法国葡萄酒与法国料理的餐宴。开始时，他们是被为什么所吸引：“奇怪，为什么越来越多人喜欢葡萄酒。”

当第一支开胃酒为大家打开味蕾，第二支白葡萄酒为大家绽放，第三支，第四支红葡萄酒丰富而复杂地变化，第五支贵腐葡萄酒完美地谢幕时，大家“Hi”到放弃平日里的矜持，快乐享受葡萄酒这一饮品给自己精神上带来的愉快时，一次法国葡萄酒的体验，如同呈现了一次法国贵族文化之旅，宛如“田园交响曲”呈现在餐桌上。快乐，充分地带给大家精神上的满足。这是其他消费品所无法给予的。

大家已能感受到，享受葡萄酒，如同人生的不同乐章。年轻时单纯、富有活力，步入中年的丰富、多姿，晚年时的悠然自得。美国有一部电影《杯酒人生》，这个名字无比贴切地表达了葡萄酒的意义。我们常用这样一句话来形容葡萄酒：一瓶一世界，这如同我们这世界没有一个重复的个体一样丰富多彩。

杯酒人生道出了品味葡萄酒的真谛

为什么喝葡萄酒?

这世界总有主流与非主流，主流领导着趋势。葡萄酒始终被主流所喜爱，而且渐渐地成为一种交流的工具。

2009 年 9 月 30 日晚，国宴餐桌。酒：白葡萄酒、红葡萄酒（葡萄酒作为礼仪用酒可以说已被肯定）摆放在餐桌上，白酒已不再有了。三个不同大小的高脚酒杯分别是：一杯水、一杯白葡萄酒、一杯红葡萄酒；我看到胡锦涛主席在餐会开始时，首先举杯的是白葡萄酒（这是葡萄酒餐桌礼仪的程序，后面我们将有专题章节谈到)。

关于成功

2007 年，默克尔总理以她亲自挑选的德国葡萄酒在柏林盛情款待出席欧盟 50 华诞庆典的各国首脑，是为了满足法国总统希拉克挑剔的口味。

参加过多次欧盟峰会的希拉克曾对其他国家的食物品头论足。他称：芬兰食物是欧洲最差的食物，英国的食物紧随其后。2005 年，希拉克曾经在公开场合谈到英国厨艺时说："人们不应相信厨艺如此差的国家。"

默克尔为防止德国遭到类似的批评，向德国著名葡萄酒生产商组织主席萨尔姆寻求帮助。

在萨尔姆挑选的品牌中，默克尔总理最后选定生长在德国西南部埃伯巴赫修道院附近崎岖的山梁上生长的黑皮诺葡萄，年份是 2003 年。2003 年的黑皮诺葡萄酒被认为是自 1947 年以来最好的葡萄酒。这种酒的葡萄生长于法、德边境很近的地区。

萨尔姆希望默克尔所选定的葡萄酒将能激发政治家的灵感。他说："一杯好的葡萄酒能使他们产生好的想法。"

事实证明，这是一次成功的葡萄酒外交。

19 世纪的德国"铁血首相"俾斯麦曾经说过："葡萄酒是我们最好的大使。"

关于欢乐

浓情红酒是美丽女人的必备品

1947 年英国女王大婚时，葡萄酒使所有参加婚礼的来宾感到快乐，并使这款葡萄酒成为全世界的葡萄酒迷们热爱的名庄葡萄酒。这支葡萄酒是来自法国波尔多、庞马洛产区的葡萄酒。这款酒至今仍是英国王室的御用酒。

我们看到国际重要的宴会上，都

是以葡萄酒为晚宴用酒。

当 F1 结束一个赛程时，领奖台上的车手们，不可或缺地用香槟那欢乐的气泡表达自己胜利时的快乐。

当中国公司在上市成功的宴会上，所有在场的嘉宾一定是共举葡萄酒杯。

关于爱的倾诉

恬静的夜晚，摇曳的烛光，倾心的倾诉，亲密爱人的烛光晚餐，总是：烛光 + 葡萄美酒，似乎这样才能与浪漫相谐，葡萄酒催化着爱情。

当葡萄酒成为一种交际语言时，你是否会依然我行我素拒绝葡萄酒?

记得有一次吃饭，有一位喜欢喝啤酒的朋友，那天晚上喝了五款不同的红葡萄酒后，他跟公司的同事说：我们公司可以增加一些葡萄酒储备。

陈年红酒如人生般多彩多姿

倾心相谈的烛光晚宴

关于健康

伟大的希波克拉底说：“葡萄酒作为饮料最有价值，作为药最可口，在食品中最令人快乐。”

一个有趣的故事：1360 年，位于莱茵河支流摩泽尔河（Mosel）中段的一个小镇柏恩卡斯特（Bernkastel）的摩泽尔河右岸的山坡上的一个小葡萄园，演绎了一段葡萄酒传奇。当年，这个地区的行政及宗教领袖的特里尔（Trier）大公爵及枢机主教伯孟二世（Boemond）生病，当众医生束手无策时，摩泽尔河右岸山坡上的一个小葡萄园的一位老人献上了一瓶饮料，请大公爵饮用。大公

源远流长的葡萄酒文化

中东地区发现的远古葡萄酒采收画面

爵喝下之后精神顿时好了起来，连续喝了几天后，病居然痊愈了。大公爵于是亲自封这瓶酒的产区为“医生园”。这个位于莱茵河支流摩泽尔河中段的一个小镇柏恩卡斯特的葡萄园，从此以“柏恩卡斯特医生园”（Bernkasteler Doctor）命名。

古代时，葡萄酒不仅仅是保健饮料，它一直被积极地作为治疗药物使用。西亚人以羊肉为主食，浓浓的羊肉味包裹着血液，葡萄酒成为他们最好的血液清道夫。可以肯定地说，葡萄酒作为碱性酒精饮料，时至今日仍极具保健价值。在救治虚弱者或病后恢复上，发挥出显著的效果。

葡萄酒自创始时起，就在医疗上发挥作用。那时，士兵们用葡萄酒来清洗伤口，防止发炎，并把它当成利尿药品和营养滋补品来使用。所以把葡萄酒说成是最古老的目前依然在使用的药品并不为过。到 18 世纪中叶，葡萄酒的健康价值得到了最好的利用，当时众多欧洲国家把葡萄酒当成比水还要安全的日常饮品。在 20 世纪 20 年代的时候，美国政府为了更好地实施“禁酒令”，不惜将所有有关葡萄酒健康价值的消息全部封锁。人们的日常生活中不

帕玛庄园酒窖里的守护者

帕米庄里这个手持葡萄的雕像是庄园的标志性人物

葡萄酒与瓷器油画共同反映了酒庄丰厚的文化内涵

再有葡萄酒，这一举动导致了此后 14 年间，美国人冠心病发作死亡率大大提高。之后，关于饮用葡萄酒到底是有益还是有害的争论一直没有停止过。直到 1991 年，一家法国电视台以“法国最具争议的物品”为名，将葡萄酒的优缺点通过讨论与比较的形式公布于众，从而使得葡萄酒彻底洗脱了“毒药”的罪名，人们又开始对葡萄酒的健康价值进行专业性的分析研究。

葡萄酒中只含有人们每日所需的碳水化合物、蛋白质、维生素以及各种矿物质。所以，即使每日饮用葡萄酒，也不会有肥胖或胆固醇过高的烦恼。葡萄酒用来搭配高脂高热的食品，就会有帮助降低血脂和低密度脂肪蛋白的功效，从而可以有效地预防心血管疾病。据一项研究结果表明，有日常饮用红葡萄酒习惯的人，癌症发病率要比不饮酒的人低 20% 左右，比长期饮用啤酒的人低 35%，这是因为红葡萄酒中含有一种叫“红酒多酚”的物质，它可以预防癌细胞的生长。另外，“红酒多酚”还有抗氧化性的特质，所以，长期饮用干红葡萄酒不易得糖尿病、中风、帕金森综合征、风湿病、白内障以及老年痴呆症。红葡萄酒中还有一个特殊的成分，那就是丹宁酸，它可以防止蛀牙，还会刺激肠道的收缩性，预防结肠炎。一般的葡萄酒，酸碱度都保持在 pH2—3 之间，这和人体胃酸的 pH 值相吻合，所以葡萄酒亦有开胃健脾的

葡萄酒中所含的“红酒多酚”可以预防癌细胞的生长

“单宁酸”也是葡萄酒中的重要保健成分

依赖电脑的现代人饮用葡萄酒可以减少辐射影响

葡萄酒的“红酒多酚”使女人青春永驻

功能。此外，近两年来研究人员还发现，常饮葡萄酒不仅可以避免骨质疏松的危险，对于辐射也有一定的防御效果。近几年的大量临床实验证明，葡萄酒在诸多疾病的治疗上有很大的帮助。据说，欧洲人的胃癌死亡率要比我国低很多，这是因为欧洲人日常饮用的葡萄酒可以有效地抑制螺旋杆菌的繁殖。此外，葡萄酒中的白藜芦醇与槲皮酮也是治疗乳腺癌与皮肤癌的良药。不仅如此，意大利的一位科学家还发现用葡萄酒来治疗各种精神类疾病也有显著的疗效。饮用葡萄酒，可以加速肝脏、肾脏的造血功能，从而促进血液循环，加强新陈代谢，起到排毒养颜的作用。

在欧洲各国，红葡萄酒更受女性青睐，因为其中的红酒多酚可以有效地起到抗氧化作用，使皮肤保持年轻富有弹性。另外，葡萄酒中富含的硫酸钾、葡萄素等物质，还可以防止皮肤水肿，增加人体免疫力。马蒂隆 1907（Madiran）法定级干红葡萄酒是来自法国西南部产区长寿之乡的经典葡萄酒，是一个百年传承的经典葡萄酒品牌。其果香味浓郁，芬芳持久。酒体丰润，具有圆滑、天鹅绒般的质感；个性鲜明突出，因含有丰富的花青素及单宁酸，能增加人体健康而被英国医学专家广泛地推介饮用。

尽管葡萄酒有诸多好处，但日常饮用时也要注意几个问题。首先，不要饮用过度，葡萄酒毕竟不是软性饮品，其中还是含有酒精的。

科学研究表明，成年女子每天饮用葡萄酒不可以超过 200 毫升，成年男子的限量则在 300 毫升，也就是说一男一女两天饮用一瓶葡萄酒是比较理想的状况。其次，饮用葡萄酒最好是在用餐期间，这样不仅可以增进食欲，有助消化，还可以减少人体对酒精的吸收，从而达到健康的效果。日常生活中，用葡萄酒代替其他佐餐饮品，不仅得到味觉上的享受，还可以保持一个良好的身体状况，是重视健康的现代人最好的选择。

W 葡萄酒是什么?

葡萄榨汁后，经过自然发酵的过程而酿成的酒叫葡萄酒。国际葡萄酒组织规定（OIV.2006）：葡萄酒只能是破碎的或未破碎的新鲜葡萄果实或葡萄汁经完全或部分酒精发酵后获得的饮料，其酒度不能低于 8.5%（体积分数）。

很简单吧。这么简单的葡萄酒什么原因让世界为之倾倒，让全世界为它着迷呢？古往今来，葡萄酒被看作为一种饮料、一种食物、治病的良药和愉快的体验的混合物。它孕育了大自然的灵秀，酿酒人的执著，它如艺术人人都能感受，但又高高在上。普通的人都能喝得起它，叹为观止的顶级佳酿却只能为少数人拥有。没有哪一种酒以及任何一种天然食物能像葡萄酒，经过看似简单的发酵后酝酿出令人荡气回肠，层次丰富，“一瓶一世界”的独特酒国。

葡萄酒的发展史伴随着人类的文明史，农业进步（大加图的《农业志》中，葡萄酒酿造技术被科学总结），科学发现（“巴氏灭菌法”的问世，标志着葡萄酒工艺从自然生产阶段进入科学生产阶段。如果说巴克斯是古罗马时期的酒神，那么，巴斯德则是现代葡萄酒之父）与之相伴。在人类文字还未形成的时候，葡萄酒已经被作为安慰剂抚慰着人类。

歌德赞美道：“酒使人心欢愉，而欢愉正是所有美德之母。如若你饮了葡萄酒，一切后果加倍；加倍率直、加倍进取、加倍活跃。我继续与葡萄树作精神上的对话，它们使我产生伟大的思想，使我创造出美妙的事物。”

葡萄酒中已确认可知的成分有 300 多种，有 200 多种是呈香物质。葡萄酒

远古葡萄酒酿制工具

传承至今的橡木桶是葡萄酒陈酿的工具

至今已被广泛采用的钢制酿酒罐

葡萄酒压滤设备

传统的移动式滤酒设备

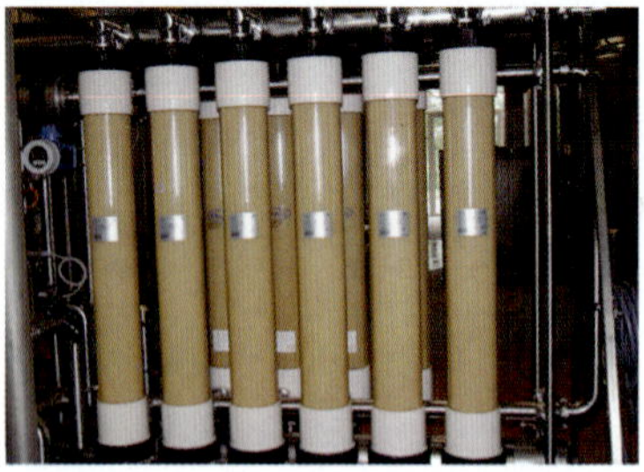

现代滤酒器

葡萄酒酿制设备

是“味道”的集大成。没有发达的大鼻子，没经过葡萄酒训练的你也能感受到最直接的果香、花香、植物的香味、烘烤和矿物的香味，烟草味、皮革味你也可以很容易在葡萄酒中找到，一瓶酒可以体验一场嗅觉的盛宴；没有专家天生的发达味蕾（普通人味蕾每平方厘米是98，《葡萄酒观察家》杂志的编辑据说每平方厘米是425）你也有可以尝美味的味蕾；不仅仅是感观的满足，最不可思议的是精神的愉悦，精神的安慰。品级越高的葡萄酒它的层次越多，口感越丰富，并且复杂。细腻醇美的复合型香气及味道，使葡萄酒堪与艺术品及美妙的音乐相媲美。虽然说科技进步是新世界葡萄酒突飞猛进占有世界葡萄酒市场的重要原因，但是，“罗曼尼·康帝”、“拉菲”依然无法克隆及复制。

曾经喝过智利的扎瓦拉（Zavala）干红葡萄酒，一款有“拉菲”风格的葡萄酒，开瓶即饮也不会有“拉菲”那么坚硬，果香、味道很快就可以达到高潮，酒有拉菲的风情，而且不需要等待那么多年。记得在跟朋友分享这瓶酒时，虽没有那么雍容，但不张扬的气质及沉稳让大家的评价都不错，不过不可以跟法国名庄酒同时喝。智利 Zavala，干红葡萄酒有大酒风范，显得平宜近人。

美国政治家富兰克林曾说：我们常听说由水变成酒的奇迹。这个由上帝恩典造成的奇迹每日都发生：天堂降下雨水到葡萄园，由树根进入葡萄，变成酒。这是上帝爱我们，并乐见我们快乐的明证。

哲学家爱比克奉德说葡萄酒会结出三种果实：愉快，喧闹，破灭。

公元前405至前330年的时候，雅典的财政大臣欧布罗斯为葡萄酒分出了十个不同的层次：健康；愉快与爱；睡眠；放纵；呻吟；调戏；吵闹；固执己见；愤怒；狂乱。这是一个从极善到极恶的转变。

神圣的葡萄酒

曾有文字描述，古希腊亚历山大大帝曾进行史无前例的大远征，他带领的军队打败了亚洲最强大的波斯帝国。虽然，有数万名士兵死亡，但因为这位国王为所有战死的士兵举行希腊式的“洗尸礼”而使士兵们精神上得到极大的安慰。战士愿为他们的国王而战！

故事这样写道：亚历山大国王英俊、年轻充满理想。他身上散发着难以形容的芳香。他常常让身边的人感到他的魅力无所不在。他用葡萄酒沁人心脾的芳香鼓舞士兵们的斗志。他为牺牲的战士的遗体洒下充满芳香的葡萄酒进行清洗。这时，他悲伤的眼神也如同被葡萄酒润湿过一般。国王对士兵的爱戴鼓舞着他们的战斗意志。国王把葡萄酒作为献给死者的礼物，人死了，尸体被葡萄酒的芳香包裹着，让灵魂升天以表达敬意。亚历山大国王对敌人也怀着同样的尊重。波斯国大流士三世的遗体，亚历山大也用葡萄酒进行“洗尸礼”，以表达希腊式的敬意。

亚历山大大帝

亦正亦邪的酒神狄奥尼索斯表达着一个理念：节制即健康，放纵即恐怖。

酒神狄奥尼索斯

17 世纪法国，太阳王路易十四。这位好吃的国王，每餐大食，在享受大量美食的同时，必喝勃艮地葡萄酒帮助自己消化食物。那时法国王室及贵族的四项主要消闲活动是恋爱、赌博、打猎和官办娱乐节目（我们所熟悉的世界著名的戏剧作品及剧作家在那个时代都是为他们服务的）。所有这些活动都因为有葡萄酒助兴而使其愉快加倍。

古代，葡萄树被称作为生命之树。那个时候，人们已经发现了葡萄酒对人身体健康的作用。从史前的古代人采集野生葡萄发酵酿酒到葡萄酒在人类饮食中扎下根，它始终是善与恶的两极。

4000 年前的古巴比伦国王汉谟拉比，对酗酒现象对社会危害深恶痛绝，在《汉谟拉比法典》中颁布了严格的饮酒限制令。

路易十四

葡萄树的萌芽是新生命的开始

生命之树

葡萄树蔚然成林是生命的繁荣

葡萄是善的图腾

葡萄也曾是恶的写照

葡萄酒作为祭祀仪式祭品

我们看到《圣母与基督》（克莱夫，JOOS VAN CLEVE 绘）这幅画，圣母玛丽亚怀中的幼年基督正在喝着血红的葡萄酒，这个场景在基督教文化中无疑有着丰富的象征意义。《圣经》中说："葡萄酒乃基督之血。"基督教信徒并不是真得将葡萄酒当作神的血，而是说，圣餐仪式上，面包象征基督的身体，葡萄酒象征基督的血。在这个观念上，人们把面包和葡萄酒当作是人类生存的基本食粮。

对法国葡萄酒事业有着重大意义的查理曼大帝

"最后的晚餐"：耶稣在感恩之后，他将面包切开说："拿去，吃吧：这是我的身体，为你们而碎，你们要经常吃面包来纪念我。"然后，他端起酒杯，饮了一口，说："这是我的血液，为你们而流，你们要经常喝酒来纪念我。"

希腊神话中的酒神狄奥尼索斯，伴随着希腊文明史并在希腊神庙中屹立。

生命的需要

当葡萄酒像水与面包一样被人需要时，葡萄酒经济举足轻重。

16 世纪的英国葡萄酒是人们饮食中基本的组成部分。他们将葡萄酒作为解渴的饮料，那时的英国还没有解决净水的问题，英国人面对不洁净的水时，选择以葡萄酒为生命的必需。

《英格兰写照》中这样写道：一般来说，最难吃到的肉（价钱最贵的）被认为是世界上最精细的肉，因此，每一位客人都希望尽快品尝到它……把这一比喻用在葡萄酒方面，一点也不过分。

哈林顿（伊丽莎白女皇的教子）的诗写道：

选择那些你整年都要喝的酒，
闻起来沁人心脾，尝起来口舌生津，
看起来清澈见底、赏心悦目，
上等佳酿必须满足五个方面的品质，
劲道、甜醇、芳香、凉爽、闪亮。

经济与热爱

查理曼大帝以自己的敏锐洞察到葡萄作为经济作物可能给国家带来的经济利益，大力发展葡萄种植，使法国的葡萄酒出口一直是重要的经济收入。14 世纪，法国葡萄酒就已出口至英国成为王公贵族们餐桌必备。

英国人在 16 世纪，每年平均人均葡萄酒消耗 60 公升。在 17 世纪的英法战争期间，葡萄酒贸易的中断使法国许多葡萄酒庄主难以为继，许多酒庄在那个时期因无法经营下去而卖掉酒庄。英国人为了得到波尔多葡萄酒，进行葡萄酒走私及出动海盗仅仅是为了能够享用波尔多葡萄酒。

W 怎么买葡萄酒?

怎么买葡萄酒这也是个问题吗?

别人我不知道，我知道在我第一次想到市场上去买葡萄酒时。我发现，买葡萄酒这还真是个问题。当我看到大型超市里的葡萄酒架时，我就有点不知所措，我该怎么通过酒标提供的信息判断自己的购买需求呢？没有清晰如护肤品及日用品的货架；没有清晰的说明；没有了解架子上的葡萄酒的导购人员。一些可以说是高端的精品超市，所有葡萄酒的摆放上倒是有一点让你可以亲近的感受，没有比你人还高的货架，你可以看到不同产区的葡萄酒，导购人员会很热情地向你介绍某款葡萄酒是获金奖的，那款酒不错，但这些酒没有几款是他们喝过的。我很晕，在葡萄酒的货架旁，我觉得自己如同身处异国他乡，购买葡萄酒就像是一场挑战。于是，我干脆听从经营葡萄酒的朋友的推荐，先喝他们为我推荐的葡萄酒，而后再从这些葡萄酒中找到自己喜欢的。

一位懂得葡萄酒而又为购买者着想的好的葡萄酒商，能够有助于你买到适合自己口味的葡萄酒而又不超出你的预算。该怎么找到合适的，能为葡萄酒用户着想的葡萄酒商呢？

你可以试试提些问题：新世界的葡萄酒与旧世界葡萄酒有什么不同（从地理上划分：欧洲是旧世界，其他国家都统称为新世界；）？

波尔多的葡萄酒与勃艮地葡萄酒有什么不同（波尔多葡萄酒以多个葡萄品种混酿，勃艮地以单一葡萄品种酿造）？

为什么一瓶同类的法国勃艮地酒比波尔多的酒贵？

接下来，告诉他，你是为了自己喝，还是跟朋友的葡萄酒聚会或者是一个热闹的聚会。葡萄酒聚会与热闹的聚会选择的葡萄酒是不同的。

你需要告诉他，你预计的费用是多少。提供一份餐单，看看他们给你的葡萄酒建议是否专业，这样不仅考验了葡萄酒商，也使你自己成为一位有经验的消费者，从而建立你们之间的基本友谊与信任。这可以使自己在与他们的长期相处时，得到最大的优惠。因为自己是优质客户，在经销商拿到有个性的酒时，

弗朗干红

卡尔·雷白葡萄酒

斯文诺-加西亚黄金冰

长城干红

你会得到最优先权。

如果自己到商场买酒，以我经历过的葡萄酒成长历程来说，可以有这么一些不同的方式决定自己买国产葡萄酒还是进口葡萄酒。

如果买进口葡萄酒，一定要看清楚、问清楚是否是原瓶进口的。因为，有太多非原瓶进口的葡萄酒品质存在问题。

考虑一下自己想要花多少钱来购买一瓶葡萄酒。

告诉店员，你所愿意承受的价格范围，在这个范围内挑选质量好的葡萄酒。

用简单明了的语言向店主描述你想要购买的葡萄酒。比如：对于白葡萄酒，你可以用这样的词语：我要“清爽的、干的”，或者说明：我要果味丰富的、醇厚的、有橡木味的、口感润滑的、香味浓郁的。对于红葡萄酒，你可以这样说：“酒体适中的、口感柔和的或者浓郁的、醇厚的、丹宁酸的。”

如果你知道自己准备了什么样的食物，那么，也可以将此告诉店主，请他为你今天的晚餐挑选与晚餐匹配的葡萄酒。也许他可以告知你一些基本的

浓郁的红葡萄酒

葡萄酒红白双璧

清爽的白葡萄酒

白葡萄酒色泽渐淡

红葡萄酒色泽渐浓

不会失望的葡萄酒配置。有时候我想，如果国内的葡萄酒商可以做一点功课，将自己经销的葡萄酒做好一个基本的餐宴搭配，可能对销售及消费都是一个积极的方式。

以葡萄酒的原则来讲，应该是：餐配酒，以葡萄酒决定配餐。

没有任何概念的话：不妨找一家自己认为可以信任的葡萄酒经营专卖店试不同的酒，看看自己喜欢什么酒。

常常听刚开始喝葡萄酒的朋友说，比较喜欢喝智利、澳洲、加州的酒，但买酒送人时却不同了。大家意识里，送朋友就该是法国葡萄酒。似乎法国葡萄酒才能体现价值。

以上这些方法都是偷懒的方式，自己想掌握一切，最好还是通过酒标来认识葡萄酒。每一瓶葡萄酒都必须有酒标，酒标的作用是提供一些关于这种葡萄酒的信息。酒标上的信息正面是葡萄酒生产国所要求的信息，背面是葡萄酒销售国所要求的信息。通常我们根据这些内容了解：（1）葡萄品种；（2）产区；（3）生产商；（4）配料；（5）类型；（6）原产国；（7）净含量；（8）酒精度；（9）生产日期；（10）灌装日期；（11）保质期；（12）保存方法；（13）得奖的标识；（14）酒厂网站；（15）条形码；（16）代理商名称。而这些可以作为我们选购进口葡萄酒的标准。

法国葡萄酒标

1855 年，巴黎世界博览会组织者要求波尔多商会对波尔多葡萄酒进行分类。商会将这项工作交给了波尔多葡萄酒经纪人，他们将分成 5 级，从第一等级到第五等级（第一等级为最高），当时共 61 个葡萄酒庄园成为列级酒庄，1955 年 AOC 委员会将列级酒庄分类为：特级（Premier Grand Cru Classe）、高级（Grand Cru Classek）、中级（Grand Cru）。

法国率先建立了葡萄酒等级、生长的分类、庄园和葡萄园及制度。1935 年法国建立了限制和管理葡萄酒区域的制度——Appellation d'Origine Controlee，或者 AOC 制度（译为法定地名），这一制度成为多数其他欧洲国家的葡萄酒立法模式。欧盟的葡萄酒法律框架也是以法国制度为蓝本制定的。对全世界葡萄酒而言，法国是葡萄酒标准的制定者，所有葡萄酒生产国相关法律的制定都是以它为蓝本。尽管法国既不是最大的生产国也不是葡萄酒的起源地，但是全世界的葡萄酒生产者都以法国葡萄酒为学习及模仿对象，这样的恭维不管其是否真诚，法国都可以骄傲自豪。

在酒标上，我们看到法国葡萄酒都是以地名命名的（它是在法国葡萄酒法令中注册并加以限定的地区）。

法国葡萄酒有四个等级：Appellation d'Origine Controlee 是最高等级，中间的 O 是葡萄酒产地名称；Vin Delimite de Qualite Superieure，VDQS 高质量的葡萄酒；Vin de pays 地区餐酒，Vin de table 佐餐酒。经过官方认可，一些葡萄酒（即产自某些地区的葡萄酒）比其他葡萄酒有着更高的等级。

正面酒标标明葡萄酒名称。

每个国家都有自己制定的与葡萄酒命名相关的法律，不过，在欧洲这些法律制定必须符合欧盟法律的框架。这个框架规定了每一种欧盟生产的葡萄酒都必须符合的标准。

W 怎么喝葡萄酒？

嘿，这有点像是一个笨蛋的问题吧。

说实在的，喝葡萄酒可以很简单。但是，如果较真，那可就太有讲究了。

如果，你只是个葡萄酒饮用者，你也许觉得它只是不容易喝醉的酒精饮品。可是，当你用你那敏感的鼻子，味觉丰富的舌头以及享受美食的心去品尝时（中国人中我还没有遇见真不好食者），事情就发生了变化。

中文词汇的丰富，常常让我为自己国家的文化骄傲。这里我强调两个关键词：“饮用”、“品尝”，不同之处不言自明。

每个人每天都一定会喝水或者喝饮料。我们通常会用“饮”这个字；如果葡萄酒的话，你会发现用两个的词组来表现状态会不同，但恰当。“饮用”是需要；“品尝”是一种态度，一种生活方式，一种体验，一种享受。中国的餐桌文化是喜欢干掉杯中酒，重要的客人常常有一气开三五瓶拉菲的，因为没有时间等待，因为喝得速度快，在这上好的葡萄酒还未“苏醒”的时候，酒已经喝完了。这样的酒一口闷，其实跟喝任何低价位的葡萄酒没有区别。这可以叫“牛饮”。不过你得承认，第一，客人觉得自己很尊贵；第二，你不会宿醉；第三，第二天你不会头痛；第四，那莫名的醇香第二天还会在你的齿间。

原野奔腾的畅快记忆

远古力与美的呼唤

浅浅的海洋气息

飞于天际的飘逸感

一瓶一世界

品位葡萄酒的意境

中国人特别爱美食，推荐美食时常会这样说：这东西纯天然，原料好。高品质的葡萄酒在“品”的过程中，你从一开始将葡萄酒拿出来，它所必经的步骤就已经让你因它的仪式感而对它充满期待。

无论是什么样的混合饮料都无法与葡萄酒的复杂相比较。当你啜一口葡萄酒，葡萄酒中通常会有这样一些比较容易感受到的味道：水果、香草、蔬菜、鲜花、青草、烟草、烤面包、烟味、咖啡、巧克力，也许还会有炖肉的味道等等。我记得自己有一次喝一款西班牙葡萄酒就让我特别强烈地感受到海洋的气息，那强烈的牡蛎香味让我不能忘怀。喝葡萄酒，总是可以唤起我很多记忆，使自己大脑这个数据库不会落满灰尘。

如果你只是喝葡萄酒，就像大口喝水一样，那么，你或许没有什么特别的感受，也感受不到葡萄酒奉献给你的所有。如果你稍稍地，放慢一点节奏，品尝葡萄酒，你就会发现它们香、味迷人（多层次及多重感受），或柔和或醇厚、或单纯或复杂、或者一层层的变化，神秘而不可解的变化让人着迷。你越是慢慢地、留意地品尝葡萄酒，你就越感受到它的妙不可言。不过你要注意葡萄酒的温度，以适当的温度上酒是享受葡萄酒的关键。同一款葡萄酒，不同的温度你会得出不同的结论。大多数红葡萄酒存放温度应该在16°—18℃，如果葡萄酒过热你可以先将它放入冰箱里10—15分钟，这样可以让它恢复生气。

物是人非的感慨

天与地接吻的绝美

不同葡萄酒的温度要求：

高醇度酒体（Full-Bodied）、长熟型红酒	15—18 度
中醇度酒体的红酒（Medium-Bodied）	13—15 度
轻醇度酒体（Ligth-Bodied）、早饮型红酒	9—12 度
辣白酒	8—13 度
微辣白酒	5—10 度
甜白酒	5—8 度

像专家一样喝葡萄酒

刚开始喝葡萄酒的时候，发现懂葡萄酒的朋友常觉得他们谈葡萄酒像间谍说“密语”，“酒体、黏度、酸度……适饮期、早饮型、晕瓶”等等，我比葡萄酒还“晕”。

自然流淌的葡萄酒单宁强劲，酒体饱满

渐渐地，我发现也是有方法可以更容易理解一点的。比如，在大型酒商出品的 AOC 级以及以下的红葡萄酒不需要考虑年份（如果好年份它们可以存放时间长一点），装瓶后你就喝它，它就“适饮”。大部分白葡萄酒不需要陈放，也不需要醒酒。

我们都曾经有过这样的经验，不知道该如何描述葡萄酒。酒桌上常会说：这酒好，有劲。这就说到了酒的结构，可是专家会这么说：

酒体（Body）

酒体是喝葡萄酒时所感受到的味道的浓淡厚薄——所谓“醇厚度”的表现用语。当你将葡萄酒含在口中时，你所感受到的丰满或者乏味程度，它是葡萄酒中的酒精、甘油及葡萄榨汁共同作用的结果。我们通常说：酒体清淡、适中、丰满。它可能与葡萄酒的味道或其他成

桃红葡萄酒果香浓郁，口感极佳

白葡萄酒酸度平和，结构协调

像专家一样品酒，就是对各种特性的细致品鉴

顶级美酒就是色香味的协调一致

开始苏醒的红葡萄酒

分协调一致，也可能不相协调。

黏度（Viscdity）

有黏度的葡萄酒比一般葡萄酒更厚重、更浓郁，酒体更丰满。人们用“浓郁”一词来形容酒精和甘油含量高、味道丰富、酸度较低酒体丰满的葡萄酒。有黏度的葡萄酒经常出现“挂杯”现象。拉菲的“挂杯”就很美。

酸度（Acidity）

酸度是指葡萄酒中非挥发性成分的含量。主要是酒石酸、苹果酸和柠檬酸。这些酸性物质赋予葡萄酒一种清新爽口的感觉。

足够的酸度可以使葡萄酒酒体强劲，而缺乏酸度的葡萄酒会感到“平淡无味”。

协调性（Balance）

协调性是指葡萄酒中各种不同成分的比例和相互关系。比如：酸度与甜度、果味与橡木味、丹宁酸、酒精与酸性、味道。

这些好像歌剧里的所有声部都必不可少，但又有主次。完美并不是所有的都一样，它的错落有致才是和谐，才是完美。

烈度（Backbone）

烈度是指由酒精、酸性物质和丹宁酸所形成的结构性酒质构造。烈度适宜的葡萄酒品饮时清新适口、酒香纯正。

口感（Mouthfeel）

口感，葡萄酒的质感。当你将葡萄酒啜吸到嘴里时，酒液在口中的旋动，使你的味蕾充分感受葡萄酒的质感和神韵。即便是葡萄酒鉴赏家评定葡萄酒也不可能只靠嗅觉，他们不喝下去葡萄酒而是要在口中让味蕾充分体验葡萄酒是柔和、圆润、生硬、粗糙或者顺畅。法国的许多红葡萄酒的丹宁酸让刚开始喝葡萄酒的人感到不适应，但是，随着品酒经历的丰富，你会感受到丹宁酸给红葡萄酒带来的丰富。

和谐性（Harmony）

葡萄酒中各种成分的相互作用和相互影响。和谐意味着圆润、流畅和协调统一。当酒中的一切都协调一致时，我们就说该酒酒体协调。

晕瓶（bottle sick）

葡萄酒装瓶后，在运输途中会受到震荡，这时，葡萄酒会在一段时间里失去香味及味道，一旦产生这种现象，也就是说葡萄酒产生了晕瓶现象，此时，让葡萄酒放上一段时间它会渐渐恢复。

葡萄酒的仪式

我有这样的体会：不知道该如何描述葡萄酒给自己的感受。听到比自己更在行的葡萄酒友恰当表达时，大有同感，而又能顺着继续表达出来了。也许，这就是到葡萄酒学校学习的重要原因吧。

不知你注意到了没有，喜欢喝葡萄酒的，许多人喜欢自己动手开瓶。

当你开始挑选葡萄酒的时候心情自然地发生着一点点微妙的变化。

我喜欢自己打开葡萄酒瓶，当酒刀划过瓶盖序幕就拉开了。螺旋的锥子扎进橡木塞，娴熟的动作让自己很"帅"。橡木塞从瓶中被拔起的瞬间——"嘭"的声音或者其他的开瓶声，让你开启了你享受的历程。葡萄酒的酒香在空气中弥漫，闻一下软木塞，打开你的鼻腔。当你将葡萄酒倒到杯中，杯子中的葡萄酒，它的色泽，它的光芒，让你心动如初恋时牵手前的瞬间。这时，你会发现此葡萄酒与彼葡萄酒的不同。

这是一定会经过的步骤，只是有经意与不经意的不同。也许可以这么说，不经意是"饮"，经意的是"品"。中国人常常会说"干杯"，这是说喝掉它；英语说"Cheers"，翻译时常常也是"干杯"，但意思是"品尝并感受"，法语说"Santé"翻译的意思为："为健康"。"干杯"已成为葡萄酒世界通用的词汇了。在法国无论在那个"酒国"（波尔多或者其他产区）大家都会对中国人说"干杯"并一口喝掉杯中的酒。

这里我与大家分享我的经意之感。

每次品葡萄酒的时候，我不由得会举起杯子看一看自己要喝的葡萄酒。如果你想更好地欣赏它们颜色的不同，你可以将杯子倾斜，然后，以白色为背景看看葡萄酒的颜色（你需要注意一下，在倾斜的杯子中的葡萄酒的颜色特征），你很快会发现一种酒与另一种酒的不同。

葡萄酒仪式

用眼睛观察颜色

葡萄酒的颜色变化是不同葡萄酒的外部特征。中国人喝得最多的是红葡萄酒。以它的颜色来说，主要有紫红色；宝石色（3—5 年的年轻红葡萄酒）；暗红色（7—10 年的成年红葡萄酒）；赤土红（10 年以上的陈年红葡萄酒）。当你将葡萄酒倒入葡萄酒杯里时，你会发现它会围着葡萄酒起一圈气泡，如果气泡粗而且很快消失，那么这是普通葡萄酒，好的葡萄酒气泡细腻且会停留在葡萄酒上。有的葡萄酒晃动起来轻飘的缺少质感；有的凝重（这样的一定是高品质的好酒），有的你会感觉像缎子一样柔润。这些都是眼睛会给你带来的感受。

所有喝葡萄酒的人都有个习惯，边喝边顺着一个方向旋转酒杯。不妨晃动杯子让酒在杯子中旋转，好酒会让你感觉杯子里的酒沉沉的，给你一种凝重感（不过不要不同方向地旋转，这样会让葡萄酒觉得混乱，同一杯酒向同一个方向旋转，葡萄酒会让你体会到它的成长，你喝下的每一口都是妙不可言）。你观察葡萄酒沿着酒杯内壁流下的情形，有些葡萄酒流下时呈现条状，有些会呈现珠状。高质量的浓郁的葡萄酒必然有挂杯（挂杯被浪漫地称为：“情人的眼泪。”当然，有挂杯并不决定它一定是好的葡萄酒，现在可以人为地做出挂杯。但好酒的挂杯很美），没有挂杯的葡萄酒必然不是高质量的葡萄酒。

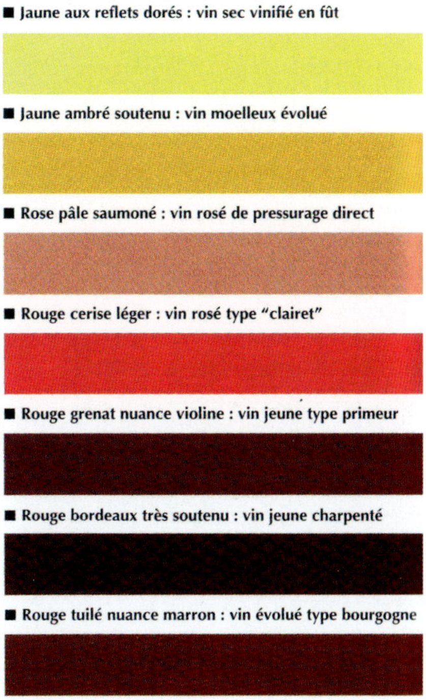

观察酒的颜色

唤醒你的葡萄酒

大家常说，葡萄酒需要“醒”。一般的葡萄酒是不需要“醒”酒的，比如，勃艮地的“博若莱”是不用醒的，新世界的葡萄酒只要不是用传统酿制方法的葡萄酒不需要“醒”。酒体醇厚的、高品质的、顶级葡萄酒需要陈化几年甚至十

葡萄酒颜色之辨（一）

陈年葡萄酒特有的深红色

白葡萄酒清亮的洁白

葡萄酒颜色之辨（二）

几年再喝的葡萄酒，它通常需要“醒”（醒酒如同唤醒睡美人），这好像人呼吸一样。我们常说葡萄酒是有生命的。有生命的葡萄酒像我们一样会需要氧气。“醒酒”是让葡萄酒呼吸，与氧气拥抱的过程。

醒酒的方法是，将葡萄酒暴露于空气中。葡萄酒呼吸的过程可以使葡萄酒的香气 与味道绽放。我好有一比，安徒生童话里有个《睡美人》的故事，王子的吻使公主苏醒过来，她由沉睡没有呼吸变得生动充满活力。

什么样的葡萄酒需要“醒酒”（呼吸）呢？

许多红葡萄酒及少数顶级白葡萄酒，让它们充分呼吸才能使它们体现风采。

这样做的作用是什么呢？许多人不喜欢红葡萄酒中的丹宁酸，红葡萄酒一般富含丹宁酸。旧世界红葡萄酒特别是法国波尔多左岸佳酿所含丹宁酸更厚。让这样的葡萄酒呼吸可以使酒中的丹宁酸柔和，改善它们的味道，酒体不再那么生涩。新酿的红葡萄酒通常丹宁酸的含量较高，特别是经得起陈放以及顶级葡萄酒（醒酒需要花点时间，很多名庄的葡萄酒醒酒时间要稍长，但也不是千篇一律）。

醒酒的方法也就两种，简单点直接用酒杯“醒”也是一个好的方式。上面说到的晃动杯子让酒在杯子中旋转的过程，就伴随着醒酒的动作了，不过晃动对酒体厚重的葡萄酒是一种生硬的动作，如果它没有到适饮期有时会破坏酒体，不过总是比喝完全紧锁的葡萄酒好。

较真点给自己配上醒酒器。玻璃的、水晶的，不同的酒有不同的醒酒器。

喝多少就倒多少。

也许你会说：在家里，我一个人开一瓶葡萄酒，醒酒还要等，这不是很麻烦吗？我常跟朋友说一个方法，你可以将酒先倒到葡萄酒杯中，然后你先去洗个澡或者做点其他的事情，再回来的时候葡萄酒刚好到喝酒的最佳时间。喝不完，第二天还好喝吗？如果你愿意用上各种各样的装备来保存那肯定是没有问题的，冬天，放在室温下完全可以放上一周，葡萄酒不发生劣化；北方因为有暖气室温太高，可以放到冰箱里。夏天，比较简便的做法可以这样，在家里喝葡萄酒余下的，将软木塞塞紧，放到冰箱里，冰箱冷藏室的温度是3°—5℃，对于红葡萄酒来说，温度太低了。从冷藏室拿出来时，不要马上喝，先倒在杯子里，放上半个小时再喝，葡萄酒就会恢复它的活力。这样葡萄酒10天之内，它不会发生不良变化。不过，一瓶酒如果你分三次喝掉，对身体而言，是一个恰当的分量。

更简单的是，到夏天时，你喝干白葡萄酒或者冰酒、甜白葡萄酒，放在冰箱里冰镇的葡萄酒让你感到沁人心脾的快乐。

用你的鼻子感受葡萄酒的香味

那么，接下来，可以大胆地将鼻子伸进酒杯的空心处。无论你是在葡萄酒爱好者面前，还是在不喝葡萄酒的人面前，这样的动作只会说明，你懂得喝葡萄酒而不会让你尴尬。

八大酒庄之一的“白马庄”干红葡萄酒，你不需要将鼻子探进酒杯去，酒倒入酒杯它丰富的酒香就开始绽放，你只需要端起酒杯，令人心旷神怡的复杂的葡萄酒香扑面而来。

葡萄酒一般都只倒一支葡萄酒杯的三分之一，最多不超过一半（最好用大的葡萄酒杯。大的勃艮地及波尔多酒杯是我个人喜欢的，红色的葡萄酒在杯中的旋转永远不会让你感到厌倦），这样让自己能够充分体会收窄的杯口使你容易嗅到葡萄酒的香味。

不过，最好你不要喷很浓的香水，因为香水的气味会干扰鼻子感受葡萄酒的香味。

吸气，葡萄酒的香味会随着你的鼻腔将它传输到你头腔的大脑。你要想闻到更多的味道，你可以先净化一下自己的鼻子（嗅一下面包片或者其他无味的东西）再开始第二次体验，你可以将葡萄酒在杯子里再次旋转。这样，葡萄酒会在杯子内壁上旋动起来，空气会和葡萄酒混合，你再次将杯子快速放到鼻前，尽可能地将鼻子深深地探入酒杯的空心处闻葡萄酒，试着闭上眼，感受你与自然中得到的经验。

水果的味道、树木的气息、青草的味道、还是橡木或者是烟草、烤面包、皮革？如果，你是跟朋友一起分享，那么，他们会将他们的体验告诉你，你再回忆一下是否有共鸣。如果想再次尝试，你可以重复以上的方法，这样你的鼻子会很快恢复嗅觉。

当你晃动酒杯让葡萄酒旋动的时候，你可以闻到葡萄酒复杂的香味，它层次不同的芳香是一场嗅觉的盛宴。你不用以为那些芳香是你幻想出来的，那是你生活的积累。

旋转的酒杯是你导演的葡萄酒舞蹈。旋转是你感受的仪式，紫红色的红葡萄酒在杯壁上展现着她的魅力。芳香是你闻到的，是令你愉快的，来自自然的气息。它让你在这个过程中获得乐趣，甚至会让你心醉。如果你发现葡萄酒有不好的味道，那一定是葡萄酒在储存的过程中出问题了（比如软木塞出问题、温度太高酒劣化）。也许你会说，难道葡萄酒就没有让我不喜欢的味道吗？一定会有的。遇到你不喜欢的葡萄酒你可以很直接地放弃它。让它等待会喜欢它的人去品评它不就好了吗？

打开你的味蕾

在观察并闻了葡萄酒后，你的味蕾一定会迫不及待地需要尝尝它了。呷一口葡萄酒，这一口不要大也不要小；将酒含在口中，撅起嘴唇，吸入一点空气，使其覆盖在葡萄酒上并动动你的舌头（要小心，不要让葡萄酒堵塞你的嘴，也不要让它滴出嘴），葡萄酒在这个过程中会在你嘴里发出“噜噜”的声音，葡萄酒在你的口中与你的唾液充分作用。你舌头的不同位置会告诉你不同的味觉感受。

顶级名庄白马酒品果香非常丰富

青草的味道徐徐飘散

葡萄酒里隐藏着树木的气息

感受葡萄酒的香味

在吸入空气发出“噜噜”声音的时候，尽可能让自己口里的葡萄酒动起来，只要不滴出来，自己就很像是一只专业的“菜鸟”。葡萄酒在你的口中充分接触，使得它在你口中的充分旋转让你不会错过葡萄酒的任何味道。

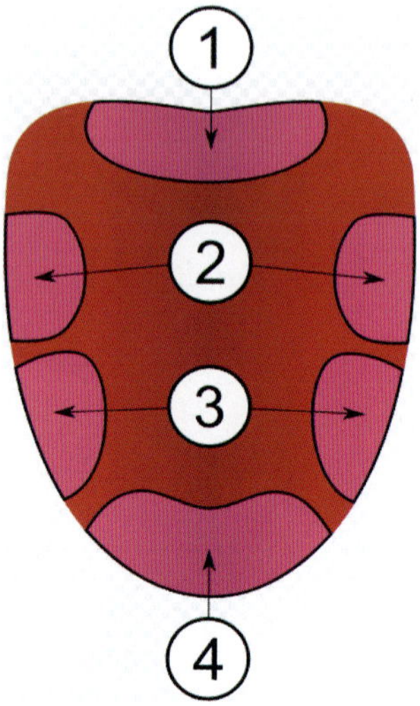

舌头味觉分布图
①苦②酸③咸④甜

葡萄酒在你口中旋动的时候，你过往所有的味觉经验都会被调动起来。你的大脑中最先反应的一定是甜味，那是你舌尖最早接触的部位；接下来应该是酸的体验，然后，感觉到的是苦味。也许丹宁酸还会让你感到干。

葡萄酒无论是智利的甘或者果味，还是波尔多的醇厚，只有你喜欢才是最重要的。

你一辈子也没有办法喝遍所有的葡萄酒。喝自己喜欢的，用你自己喜欢的方式。不过，说句实在话。在你有闲暇，有情绪的时候，用细致的方式喝酒，我保证，你会有不一样的体会。当然，你没必要每次喝酒的时候都使用这样的程序。

特别说明一下：应该选用哪种葡萄酒，取决环境和心境。自己在家喝酒，通常是几种情况：与爱人共饮。这时选择的葡萄酒，应该考虑一款可以使自己与爱人水乳交融的葡萄酒（如果是波尔多的葡萄酒，这时候我认为选右岸的较好，那果香，那丰富的味道令人陶醉），微熏的爱人，情与爱的美妙。这里还需要一点气氛，两三道与葡萄酒相配的餐食，烛光下多话的你渐渐觉得言语变得多余起来；独自饮酒通常是为了身体，或者希望放松自己。悠然自得地端着杯，听着音乐或者端着杯，对着并无太有兴趣的电视发一会儿傻，似乎都是很惬意的事。你带着微熏的醉意，一定会一夜好眠。如果你想有配食，本人试过不同的小食，最方便的是，超市里带皮的淮盐花生，不是带壳的（它能将葡萄酒内在成分很好地发挥出来）、薯片及其他坚果，本人以为淮盐花生最佳。

如果是为葡萄酒而来的朋友，选择的时候，要体现出主人的用心。葡萄酒的风格及开酒的程序就要多费心了。一款波尔多或者勃艮地佳酿足以使宾主尽欢。如果大家希望这个聚会热闹，那么你如果上了波尔多或者勃艮地佳酿，客人可能全然没有体会，因为高谈阔论会使他们无暇感受葡萄酒，吵着跟你要水解渴（因为酒中的丹宁酸让他们感到口干）。

如果是食物简单的冷餐会，完全可以选用新世界的，价格低廉的夏敦埃（Chardonnay，葡萄品种）葡萄酒，这种酒野味浓郁，口感鲜美，多数人都喜欢。若想上红葡萄酒，可以用博若莱葡萄酒（Beaujolais），热闹而欢快，这种场合的葡萄酒只是道具。

正式的宴会上，每上一道菜都要上一种葡萄酒。

你可以根据以下的程序上葡萄酒：

淡酒在前，浓酒在后；

白葡萄酒在前，红葡萄酒在后；

干葡萄酒在前，甜葡萄酒在后；

普通葡萄酒在前，醇香葡萄酒在后。

什么情况下会是例外呢？如果你今天是一瓶淡味的红葡萄酒和一种醇香的酒体饱满的白葡萄酒，这个时候就不用考虑酒的颜色，采用“淡酒在前，浓酒在后”的原则。

餐宴还没有开始之前，客人到了以后，你可以先为大家开开胃酒，通常一瓶价格适中或者低价的白葡萄酒、气泡酒或者香槟都能起到很好的作用，当然，用香槟做开胃酒使得这次餐宴的规格提高许多。

一个正式的宴会，一般原则是为每个客人准

闲时小酌

独自惆怅

微醺之媚

朋友欢饮

生活中品读葡萄酒

备二分之一或三分之二瓶葡萄酒的量，以男性为主的宴会至少以每人一瓶为量。如果你担心酒是不是会导致客人回家的时候摇摇晃晃，那么你可以减慢倒酒的频率，并且备足水，保证添满水杯和斟酒的速度一样快，一般情况下，这样的葡萄酒量不会让客人醉酒。葡萄酒适合慢饮，有许多中餐宴请时，来迟的客人会上来就自罚三杯，然后再坐下开席。如果你一上桌就豪饮三杯葡萄酒，即使你任何酒都是海量，你也必倒无疑。

葡萄酒有对比，才更能比较出它们的不同。给客人，应该用分开的杯子装不同的葡萄酒，这样他们就能品出各种酒的不同味道（特别是同一类葡萄酒，比如红葡萄酒，用两个杯子分装不同产区的酒，客人很容易感受到它们的不同以及自己喜欢的葡萄酒是哪一款），也能自己控制饮酒的速度。

法式料理用餐礼仪

在法国，所有跟吃饭有关的事，都备受重视。因为它同时提供了两种最受赞赏的美学享受——美食与交流。我们常常看到电影里，只要是有人请吃饭，平时再怎么着装随意的宾主，也都会穿着较为正式的服装。乳酪、红酒、各种面包更是餐桌上永不可缺少的神圣三位一体，酌上一口 1947 年份、1982 年份的白马或者 1982 年份的拉菲红酒，来一份波尔多右岸的鸭腿或者来一份法国鹅肝，拥有的快乐，精神上的享受，不是情人的娇媚可比的。间隙时，你不由自主地衔一口法国面包，齿香间满溢着来自自然气味，酿酒师如音乐与演绎者对乐曲的理解，而品酒如陶醉其间的听众，你就是那一位理解的人。不同年份的葡萄酒如同演奏家的不同理解。毫不夸张地说，法国料理的餐桌，会使你有身临大峡谷之感，为自然的鬼斧神工而感动。

在法国，美食不只在高级餐厅才能享用，生活中无处不美食。几代相传的“私房菜”，充满创新的米其林厅。爱葡萄酒的饕客必去的巴黎由侍酒师开的酒嗣。如果不到巴黎的酒嗣、食嗣体验侍酒师给自己带来的口蜜之福，那可真的是遗憾了。在法国很多餐厅都拥有上佳的酒窖，而这里的侍酒师就是法国葡萄酒百科全书的“索引”，在这里，如果自己做主选酒，无疑是在导师面前卖弄。当然，你还是需要表达你的意愿。告诉侍酒师你的预算，你希望体验什么样的葡萄酒（陈的、新的、复杂或是简单，白的、红的等搭配要求）。多金的，可以选择米其林三星价格不菲的套餐，那里最棒的侍酒师会为你奉上酒与料理相得益彰的美妙。寻觅奇妙的，那么，1992 年侍酒师比赛冠军 Faure-Brac 所开的食店无疑是最好的选择。到他的店里，可以说速成了一次法国葡萄酒的 EMBA，放弃这样一位导师为你进行速成教育企不可惜。

如果想寻法国百年酒铺，尼古拉斯（Nicolas）最为好找，街市上常常可以看到。不然坐落在 Madelaine 教堂边的精致食品行爱迪亚 Hediard 与老佛爷美食超市亦是可徘徊之地。

传统法国餐厅法式晚餐常有：田螺、生蚝、鹅肝酱、海鲜什锦拼盘、主菜、葡萄酒、甜品、饮料。

一般法式料理的餐点顺序是：第一道（开胃酒总是以气泡、香槟或者简单的干白）开胃菜，通常这道都会相对少量及简单；第二道（一款白葡萄酒）头盘，包括冷的、热的沙拉或多一份汤等（通常不会用汤）； 第三道（第一款红葡萄酒总是相对初级的，第二款会比第一款厚重。如果有两道主菜通常就不会安排乳酪）主菜，通常有两道以上的主菜，先上海鲜类，再上肉类，一般会以清淡及浓郁来安排顺序。第四道是（厚重的红酒）乳酪，法国乳酪之丰富，在我看来可以出一本乳酪百科全书（它常常也会是一道主菜后上，它也会是一款酒）；最后是甜点（这必然是与甜白酒）。

也有另外一种程序：第一道开胃菜，包括冷的、热的开胃菜；第二道主菜，先上海鲜类，通常侍者会拿两种水，一种带汽，一种不带汽，可以清口，让味觉休息一下，再上肉类主菜；第三道甜点常常会是水果与冰激凌。

再简单点，开胃菜；主菜；甜点。在餐厅里，上菜的方式是按照顺序的，所以吃完一道，侍者才会上第二道，而侍者通常由客人的左侧上菜，右侧撤盘，酒和饮料则是从右侧上桌的。再上每一款酒时，侍者总是会先在主人的杯子里倒上供你鉴定的酒，如果你觉得味道不对，只要你的表述基本准确，侍者会为你重新选酒。但在中国，你想换酒，好像没有哪家餐厅会认同。

常常有朋友对各种摆放在餐桌上的餐具，不知该如何？其实，它有很简单的规律。

西餐的餐具是依照上菜的顺序来摆设，只要依序由外往内取用，就可以了。以下是大致的餐盘摆设示意：

主餐盘：放置主菜，主菜通常由男主人或女主人拿起刀叉，大家才可以开动。

沙拉盘：放置沙拉或开胃菜，主菜之前的开胃菜通常是主人或餐厅精心调制，最富特色餐点。

面包盘：用来放置面包用，取用面包时，以手撕小块，沾上奶油或果酱食用。

法式扒鸡饭

勃艮地用餐

法式餐厅小景

法式餐桌一览

法式餐桌菜品摆放

沙拉叉：横放于主餐盘的前方，用来取用沙拉，若有甜点，点心匙也是放在主餐盘的正前方。

鱼叉、主餐叉：当看见鱼叉、主餐叉自左而右依序放在主餐盘的左侧时，表示前菜中有鱼类食物。

鱼刀、主餐刀：鱼肉因为肉质较软，所以鱼刀的刀面较宽，以利切割时鱼肉不易松散。在欧式用法中，可以右手持餐刀，左手持餐叉同时取用食物；美式的用法则可将主菜切开后，用右手持餐叉食用。

酒杯：由右至左依序是白酒杯、红酒杯、甜酒杯（若有水杯放在最左边），前菜通常配用较清淡的白酒，而主菜以红酒佐餐，甜酒在餐后饮用。

奶油蔬菜烤田螺（蜗牛）、生蚝、鹅肝酱、海鲜拼盘、葡萄酒，都是法国的招牌。

上菜的顺序

一般而言，法国菜分为开胃菜、前菜、主菜、乳酪、甜点五大项，主菜又分海鲜类和肉类两组选择。

高级的法国餐厅都会提供特别的季节菜单，这样可以方便客人，不必面对不知所措的餐牌。这样既不伤脑筋又可以尝到正宗、美味的法国料理。在“套餐”中一般都依开胃菜、前菜、主菜、乳酪、甜点的顺序排列，这样的全程体验可以充分享受葡萄酒与美食，并可以感受法国餐桌礼仪之妙。

普通菜单的排列顺序与套餐相同，只是最后多了一项咖啡。

如果你想来个冒险之举，自己选择。建议从口味淡、爽口的干白葡萄酒或香槟开始，再依上菜的顺序与菜色转为口感浓烈的红酒。一般而言，前菜多为海鲜类，所以搭配白酒或桃红酒最适宜；主菜则多为肉类，通常搭配红酒；之后的乳酪，可依个人需要选择搭配水果或香料；最后的甜点搭配则以贵腐型的甜白酒或一般的甜白酒为最佳选择。咖啡之后，男士还可以点一杯波尔图酒作为完美的用餐句点。

餐饮礼仪注意事项

用餐时，不要将两肘支在桌子上。

使用餐巾，用餐巾的一角轻轻印去嘴上或手指上的油渍便可。

通常在餐桌上的水杯是为了让你吃完一道之后，让口腔清爽，有助你对食下一道菜的品尝。

吃完每碟菜之后，将刀叉并排放在碟上，叉齿朝上，这样既方便服务生取走，又整齐美观。

法国葡萄酒宴总是从女士开始，主人总是在最后。以前大家常说，中国是礼仪之邦，但是现在，礼与仪已经以官本位及权利为本位了。

喝葡萄酒时大家常玩的葡萄酒游戏：

准备两种葡萄酒和 3 只葡萄酒杯。方法是，将一种葡萄酒分别倒入两只杯子中，再把另一种酒倒入剩下的一只杯子里，然后，由品酒者将盛着同一种酒的两只杯子挑出来。你还可以将两种有差异的葡萄酒倒入 4 只葡萄酒杯，然后让品酒人找出同样酒的两只杯子。这是一种可以增加葡萄酒知识及感官技能的游戏，不过不需要太认真，要不就少了游戏的乐趣。

葡萄酒的强烈的仪式感使得喝葡萄酒装备很重要。就像在网络游戏的世界里，许多玩家花钱买装备，装备好坏往往是他们取胜的重要因素。

品尝葡萄酒，首先该考虑杯子问题，杯子是让你体验葡萄酒的最重要的器具。对于喝葡萄酒的人，如果想要较好地体验葡萄酒，杯子的器型应该是非常重要的。最简单、最重要的喝葡萄酒的装备，你必须有启瓶器、葡萄酒杯。

你可以一个杯子解决所有的葡萄酒。如果是这样你可以选择用勃艮地或者波尔多的红葡萄酒杯，但香槟在这里不适用，香槟你一定得给它特定的香槟杯。

当然，不同的情形决定不同的方式。葡萄酒的餐宴，形式决定内容。当你将葡萄酒作为配餐的饮料，而不是以葡萄酒为主体时，那么，你用的葡萄酒杯并不是那么重要，只要是葡萄酒杯就好。

开酒器

开酒器

特色装备

特色装备

特色装备

倒酒器

醒酒计时器

葡萄酒装备

但是，如果葡萄酒是你的主体时，或者你是和一些喜欢葡萄酒的朋友“华山论剑”时，或者你请懂葡萄酒的重要的生意伙伴时，那么你的葡萄酒杯，除了礼仪需要外，还有一个非常不容忽视的是，好的葡萄酒杯会使葡萄酒更完美。

好的葡萄酒杯可以让你在审美及品尝的过程中更好地体验它。玻璃的声音不可能跟水晶一样，玻璃杯的晶体跟水晶杯的晶体也不相同。当两个葡萄酒杯相碰时，玻璃与水晶碰撞的时候产生的声音是不可能相同的。玻璃杯与水晶杯的透明度使其反映出的葡萄酒色泽也是有所不同的。在品尝葡萄酒时葡萄酒所呈现的当然也是水晶杯更好，它能让你更敏感，它会更充分地表现出葡萄酒的丰富、复杂、细腻、圆润、醇厚。有许多朋友，总是带着自己的专用水晶杯参加葡萄酒会。有机会你可以试试。

葡萄酒杯有三个方面很重要：大小、形状、厚度。

切记，不要将小酒杯用于喝红葡萄酒和干白葡萄酒。你想象一下，一个小酒杯在你晃动它时，它将葡萄酒溢出来了你会是什么心情。你不能很好地看“挂杯”，不能将你的鼻子探到葡萄酒杯里，因为它很可能会使你的鼻子碰到葡萄酒，这样你就无法欣赏葡萄酒的芳香了。小酒杯只适合于雪利酒或者是甜白酒。通常甜白酒大家也喜欢用白葡萄酒杯。

红葡萄酒杯，大家通常都用波尔多杯或者勃艮地杯。它们的容量很大，整个审美过程很完美。试过玻璃杯与水晶杯，总觉得用水晶杯葡萄酒的味道更好。有一点是可以肯定的，不同形状的杯子用于喝不同葡萄酒的效果的确是不同的。波尔多与勃艮地的杯形不同，了解的人都知道它们是因为两个产区的葡萄品种的不同，带来的感受也不同的原因。它们不同的形状可以使你更好地体验它们的特性。也许你注意到了一个情况，有通用的葡萄酒杯、波尔多葡萄酒杯、有勃艮地葡萄酒杯（香槟杯不作考虑），非专业人士基本上会再多个白葡萄酒杯，却再不会以其他产区专门的葡萄酒杯了，可见，在葡萄酒的世界里，无论哪个产区有怎么样的好酒，但它也只能与这两个产区比肩，波尔多与勃艮地像葡萄酒世界的珠穆朗玛峰无法超越。

为什么葡萄酒杯有那么高的脚?

有时看到国内制作的影视作品中演员托着葡萄酒杯的肚子，如果这样是为了自己自在那没什么话可说，但如果从葡萄酒的礼仪来说，觉得有点遗憾。那么高的脚是因为你拿着杯杆才不会将热量传给葡萄酒啊。你的温度会让葡萄酒不自在，更让你喝起来不方便。用手心托起的酒杯你是无法很好地去赏识它的，而那高高的脚如同一位想取悦于你的舞者的舞台，为了让你欣赏，请端着杯脚欣赏它的美丽吧。

葡萄酒杯的历史也是十分有趣的。据说，最早的香槟杯，是模仿玛丽·安托内的乳房形状设计的，她是路易十六的王后。法国大革命中被送上了断头台。而那个传说中的酒杯被存放在法国的博物馆。

你如果很讲究，可以不同的葡萄酒配不同的杯子；不同的产区选择不同的杯子。Riedel 家族的酒杯、Eisch 德国酒杯。最著名的葡萄酒评论家罗伯特帕克说：它们让美酒给我们带来从未体验过的享受。我无法用语言形容它们究竟带来了多大的不同。

奥地利的 Riedel 品牌酒杯，有接近 300 年的历史。它注重葡萄酒传送到嘴内与舌头味蕾的感受。他们设计了适用于不同产区、不同品种与不同年份的葡萄酒的杯子，形状与结构不同的酒杯使得品尝者能更好地感受葡萄酒的均衡、深度、和谐与复杂性。

有着凄美故事的玛丽·安托内皇后

纯手工制作的水晶杯以及机器吹制的水晶杯给葡萄酒迷提供了更丰富体验。

德国的葡萄酒 Eisch 酒杯，被誉为“会呼吸的酒杯”（Breathable Glass）。“会呼吸的酒杯”为无铅水晶杯，是由一

醒酒器

葡萄酒辅助装备

红花与绿叶，葡萄酒与装备

典雅别致的葡萄酒装备

种特殊的原材料混合物制成，在制造的过程中，酒杯经过一道氧化处理使酒杯“会呼吸”。葡萄酒倒进这“会呼吸的酒杯”里，既保存了酒体自身的结构与特性，同时又让红酒的芳香得以散发，味觉的感受变得更加完美。这种“会呼吸”的特性可以一直持续，不会消失。

Eisch 醒酒器，“点滴不流”（No drop effect）—— 一般的醒酒器倒酒时，容易在醒酒器外留有酒滴，使酒滴残留在桌布上或容器本身。这种“点滴不流”的醒酒器，其玻璃表面做了一种特殊的处理，倒酒时可以完全阻止酒滴在容器边缘的形成，保证倒酒时酒滴不会从醒酒器里流出。

Riedel 酒杯、Eisch 酒杯，除了造型、设计、弧度、清澈度等均是极品外，更按不同酒类、地区、品种，甚至等级，制作出形状大小不同的杯子。例如专门为波尔多（Bordeaux）和勃艮地（Bourgogne）这两个最知名的法国红酒产区制作的“Bordeaux”、“Bordeaux Grand Cru” 和“Bourgogne”、“Bourgogne Grand Cru”（Grand Cru 指“一级酒庄”）。Riedel 公司为了解决水晶杯娇气（易碎）这一问题，于 1986 年推出的实用级机器吹制的 Vinum 水晶杯系列，一组 25 支杯子，它们比较耐用。这组酒杯也是依照品种、产地特性作出分类（常用的也就是勃艮地、波尔多、白葡萄酒以及香槟杯），

醇美的葡萄酒在醒酒器中安静地呼吸

葡萄酒，醒酒器，美景，浑然天成

足以满足葡萄酒迷对酒杯的痴迷。同时可以让你更好地享受葡萄酒。我们对葡萄酒的品赏通常是通过鼻子和舌头，鼻子是闻香，舌头是尝酒。人的舌头有 4 个味觉区：舌尖对甜味最敏感，舌面中前部对咸味敏感，舌面后部对苦味敏感，舌头的两侧则对酸度敏感（大家可在今后品尝葡萄酒时认真分辨感受）。顶级葡萄酒杯就是通过合适杯形的引导，酒液可以流向舌头上最适宜的味觉区。比如用 Riedel 的波尔多酒杯，酒入口时会直接接触到舌面的中后部，然后向四面流散，强调了单宁（干、涩）的同时取得了果香而后感受到酸度，让舌头感受到甜、酸度充分感受到它们的平衡；用 Schott Zwiesel 勃艮地酒杯喝黑皮诺葡萄酒，杯肚大，以承载单宁柔和、酸度高、浆果味浓郁的黑皮诺酒。杯开口小、壁薄，酒入口时可以令酒液第一时间先流过舌尖的甜味区，突出其果味，平衡了本来较高的酸度，令人第一时间感受到它的特质——果味、甜味浓郁。Riedel 的 Chardonnay（莎当妮）白葡萄酒杯：杯口较大，喝酒时需要微微低头，酒汁入口时先流向舌头中部，然后向四面散开，梨、杨桃、柑橘、香草等热带水果味依次出来，口感丰富和谐。也有很多人觉得这种提示只是一种骄性的表现。不过本人认为杯子的形状、大小很是重要，除非酒已经是你的日常必需品，你对它已经熟悉到了不需要附加的程度时，杯子的大小、形状就都不重要了，但如果缺少这些应该是会觉得仪式感以及葡萄酒观赏性减弱了吧。

矫性点再为葡萄酒准备好醒酒器。当你跟朋友分享葡萄酒时，没有醒酒器就选择大的葡萄酒杯，这样也能达到好的醒酒效果。

你的葡萄酒

WINE ECONOMY

桃红葡萄酒

鲑红色：短期浸体酿造的桃红葡萄酒 酒龄1—3年

玫瑰色：直接压榨酿造的桃红葡萄酒 酒龄1—3年

红葡萄酒

紫红色：酒龄1—2年的年轻红葡萄酒

宝石红：酒龄3—5年的年轻红葡萄酒

暗红色：酒龄7—10年的成年红葡萄酒

赤土色：酒龄10年以上的陈年红葡萄酒

红葡萄酒颜色图

干白葡萄酒

淡黄色：酒龄1—2年的年轻干白葡萄酒

麦黄色：酒龄3—5年的年轻干白葡萄酒

甜白葡萄酒

金黄色：酒龄3—10年的年轻甜白葡萄酒

深黄色：酒龄10—15年的成年甜白葡萄酒

琥珀色：酒龄15年以上的陈年甜白葡萄酒

白葡萄酒颜色图

葡萄酒与白酒的比较

葡萄酒与白酒的不同，天下人都知道。

一个酒精度低，一个酒精度高啊。还有什么呢？杯子，酿制方式，原料……

酒的原料非常重要。我们中国的白酒、黄酒、米酒都是以粮食为原料。想想中国的历史，在任何一个朝代都曾出现过饥荒。人的食物都成问题再用粮食酿酒，喝酒，与人争口粮，人的天地良心不许。中国最好的茅台、五粮液在 20 世纪 50 年代末到 60 年代初就不得不停产。粮食，人类赖以生存的必需品啊。

葡萄酒

公元 9 世纪，查理曼大帝认识到，葡萄可以作为经济作物产生巨大的经济价值，从而，在他统治的欧洲版图大力推广。葡萄酒自一开始出现就以人类的安全需求与精神需求被人类享用。

有时候看到白酒广告：50 年陈酿。我在算，20 世纪 60 年代初期，那正是我们国家缺粮的高峰期，人都没有粮食吃了，哪里有粮食酿酒？我们国家的酒都是以粮食为原料，酒与人争食，酒总是要让位于满足人吃饭的需要吧。葡萄

精粮酿制的国酒茅台

葡萄酒生长在贫瘠多石的土地上

罗马假日里的天使奥黛丽赫本

飘逸潇洒的八仙饮酒图

是经济作物并不是生存需要。这样的情况下，葡萄酒对人类发展的意义就不同于以粮食为原料的酒类了。

不知你注意到了没有，似乎葡萄酒总是被贴上品味及高雅生活的标签，回忆一下我们能想到的广告。葡萄酒总是与宴会、盛大、奢华、亲密、亲情相关联；白酒总是简单直接，比如，某演员拿着某瓶白酒说一段广告词。回忆一下影视作品。剧中相爱的人约会，情侣举杯共饮葡萄酒；庆典，大家举杯共饮葡萄酒。记得《罗马假日》，奥黛丽·赫本演的公主与白兰度演的摄影记者，当公主在午餐前，要先来一杯香槟时，那位记者几乎要倾囊以供，可是所有的观众却没有因他的窘迫而感到很奢侈，反而是欣然接受。

白酒的演义方式，场景一：义士："小二，拿酒来。"于是一坛酒放上桌，义士提起酒坛喝酒，接着是醉醺醺地离开。李白不喝醉写不出诗；李清照有："沉醉不知归路。"在中国，酒好像是可以让你一时逃避现实，酒是用于表现及推心置腹的工具，酒是才情表现。喝醉似乎是中国喝酒人及中国白酒的意境，似乎这样才是豪放。

牧童遥指杏花村

杜牧的《清明》：清明时节雨纷纷，路上行人欲断魂，借问酒家何处有，牧童遥指杏花村。"牧童遥指杏花村"，意境如画美不胜收，只是你是否想过文人雅士的不可或缺的白酒为什么就只存在于中国，即使在唐朝这样的鼎盛时期，也没有流行到中国疆土以外的国家呢？我私下里思量应该还是中国的帝王将相们不便推广，温饱解决了才能考虑精神需求啊！

葡萄酒呢，不影响人类生存的基本需要。

英国在饮水（历史上很长一段时间，英国因为水不干净而无法饮用）无法解决的年代，葡萄酒曾经是作为最重要的生存能量的补充。帝王及领袖的查理曼大帝、路易十四、拿破仑、英国女王，美国第三任总统杰弗逊、法国前总统希拉克、德国总理默克尔，文豪及哲学家的雨果、歌德、海明威、柏拉图，马

拿破仑酷爱葡萄酒

雍容华贵的英国女王是柏图斯的欣赏者

美国著名作家海明威

法国大文豪雨果

著名思想家恩格斯

那些钟爱葡萄酒的历史名人

克思、恩格斯等等，这些人都没有文字表现出他们需要喝醉方出巨著，他们留下赞美葡萄酒的文字，都表达出对自然赐予的感恩。

从原始时期的野生葡萄开始的原始酿制到漫长的旧葡萄酒时代。葡萄酒由在底格里斯河和幼发拉底河之间的美索不达米亚的苏美尔人创造出来，从这里为始点开始了它的“环球之旅”，从美索不达米亚—埃及—以色列—叙利亚—波斯—古希腊，从古希腊开始了葡萄酒大发展。

古希腊时期，达官贵人享用葡萄酒是在餐后。举办酒宴时，客人先集中到请客者的家里。然后饭菜端上来，没有酒就先用餐。用餐结束后，大家要洗手净身，然后才移步酒宴。从事招待工作的是男仆，如果没有男仆，主人就自己亲自招待。那个时期，哲学、政治、文学都是他们的主要话题。

到了查理曼大帝时代，贵族通过一系列的器具确立一些餐桌规矩，并通过器具赋予这些规矩以具体的内容。查理曼大帝为葡萄酒颁布法令，为葡萄酒的酿制制定法律，保障葡萄酒的酿制对人体健康的基本标准。我们应该可以说那是最早的“食品卫生法”。在西方，葡萄酒有很强的仪式跟程序性，酒杯、开瓶、倒酒等等一系列的过程强调了它是以葡萄酒为核心的享受美酒的生活方式。

中国，只要是宴，当然不能少酒。大家一定记得“鸿门宴”是如何以酒杯为信号的。还有一事很有趣，中国皇帝赐死时，最温和的方式是赐一杯毒酒。

W 好葡萄酒

看到这样的标题，也许会产生困惑，是不是葡萄酒有不好的?

酿制不符合卫生标准、存放不当变味的是不好的。而如果你喝的葡萄酒口感平衡；酒香富有层次，即酒在酒杯中的香气会随时间推移不断变化；有回甘，指佳酿入胃后，口中仍留清香等；酒后不会胃痛；酒后不会头痛；如果好酒还满口生津；酒后不会有后劲，也就是喝酒时没事，回去后不难受，或醉酒后不头痛，应该就可以称之为好葡萄酒。

1855年波尔多四大名庄

大家都知道，法国在1855年制定出了评定波尔多葡萄酒等级的体系。当时位列顶级的是四大名庄：①拉菲庄（Château Lafite-Rothschild）；②拉图庄（Château Latour）；③玛歌庄（Château Margaux）；④奥比隆酒庄（Château Haut-Brion）。

此后其他葡萄酒产区都参考了他们的等级评定方式。真的想了解葡萄酒世界里酒庄评定情况，对我们这些“菜鸟”来说几乎是不可能的任务。那么，一种基本的方法是读酒标上的说明。它规定了酒标上必须的说明，葡萄酒特定物质的含量（比如二氧化硫含量）等等，标准规定了许多葡萄酒生产者不能做的事情（比如二氧化硫不能超过多少、不能在里面添加糖等等），而这些都是经过几百上千年证明对人身体不好的或者不能很好地表现葡萄酒本质的成分或者方式。除去这些可能对葡萄酒产生的不利做法，余下的部分就是自然的赋予以及酿酒人的付出了。

我告诉大家一个在中国可以算是葡萄酒的“秘密”——进口葡萄酒要喝原瓶进口的。你在媒体上看到的那些所谓低价倾销的葡萄酒有可能是桶装进口后分装的，原本进口桶装酒是一个很正常的事，但是，分装过程中可能会有很多其他操作，使葡萄酒背离了原来的品质。中国有太多的媒体“揭秘进口葡萄酒”，但并没有真正做到打开葡萄酒的秘密。其实，在其他国家什么样价位的葡萄酒都有，喝葡萄酒的人根据自己的需要来选择。所谓国外葡萄酒低价倾销是中国经营者进口葡萄酒后，隐瞒葡萄酒的真实信息进行销售罢了。在国外，即使是大的酒业集团也是根据产区以葡萄园划定的法定产区来生产。比如说，法国西南部的“普莱蒙酒业集团”的“马蒂隆1907”就是根据规定，只有在那一区的特定的范围内出产的葡萄，并

酒标与品质

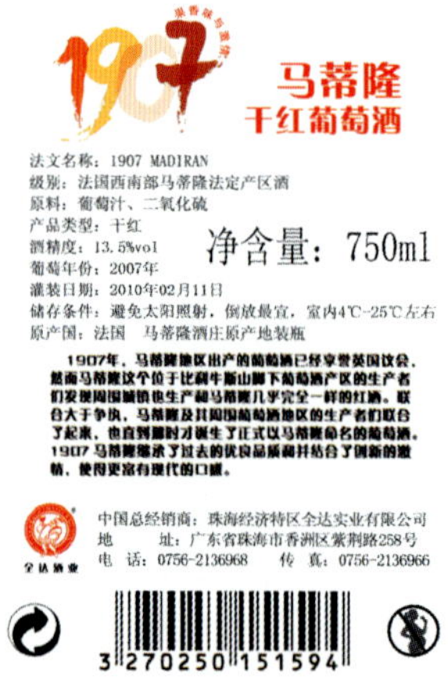

酒标与品质

马蒂隆 1907 干红

在这个特定酒厂酿制的葡萄酒才能叫此名。只有那一部分葡萄园酿的酒能叫这个名称。从不同小农庄收到的酒是不可以作为法定产区的酒销售的。以酒庄为主要的（以中国人的话说：是小农经济的生产方式存在的）生产主体的法国葡萄酒体系，大多数要求严格的酒庄经营者，都要装瓶后才交付给购买方的。当然，有许多餐酒是桶装销售的。因为在其他国家，他们对葡萄酒有严格的法规，并且认真地执行。所以，在他们国家，无论你喝什么等级的葡萄酒都必须符合他们的食品卫生法。无论你喝的是什么等级的葡萄酒，在酒标上你是可以一目了然的。不清晰的酒标一定意味着存在问题。

现在的中国市场，因为准入的标准尚不完善，经营者必然不可能个个自律，低端葡萄酒品质受到质疑也就不奇怪了。而经销者利用信息不对称，以低端桶装酒进口到中国而后分装上市的情况不少见。

以我们掌握和了解的情况，经销商对自己进口的酒的身份认定是很在意的。如果是原瓶进口的话，一定会在瓶子上注明：原瓶进口标识。原瓶进口的葡萄酒，有两种背标方式，普通的酒，大的经销商通常是经过海关认可后，经销商将背标寄到出口国帖标的。法国列级酒庄的葡萄酒会是原背标与经销商背标都有的两种情况（有经营者及进口商并不标明是原瓶还是罐装让人觉得很无奈）。

那么，是不是名庄酒才是好酒呢？

可以先给出肯定，名庄酒一定是好酒。好的葡萄酒，应该说基本的质量是基础，那么它要符合国际上葡萄酒的质量评价标准；其次葡萄酒世界里有许多经验丰富、受过专业训练的葡萄酒专家，他们设立了被一致认同的葡萄酒性能标准，标准+感性（权威的酒评家的观点总是影响力最大）。葡萄酒有多好，取决于它在何种程度上符合这些葡萄酒性能标准（比如协调性、长度、深度、复杂性、典型性）。葡萄酒专家们根据葡萄酒的性能打分，那么葡萄酒被分成不同等级的“好”。通常不能拿不同级的葡萄酒相比较，这就好像拳击比赛，重量级的选手不能跟轻量级的选手比，偶然中有个别年份哪个非名庄比某名庄好，那也只是偶然事件。这应该让人觉得很有猎奇性，这会非常有趣。比方说，波尔多 1855 年被列级的酒庄有 61 家，而其他数千家未列级的小酒庄在某个年份会酿出了可与名庄媲美的葡萄酒，一点也不奇怪。如何发现这样的葡萄酒，喝到这样的葡萄酒，常常是爱葡萄酒的发烧友的骄傲之事。

好喝的葡萄酒

有位朋友曾经跟我说她第一次喝“拉菲”葡萄酒的印象。她这样描述：我不懂得喝葡萄酒，但那天在朋友家喝了“拉菲”，第二天还觉得口齿充满果香。

这当然是顶级葡萄酒留给你的美好回忆，不过了解名庄的历史也很重要，否则，也有可能是名庄但名不符实。比如20世纪60年代至1978年前的法国名庄玛高堡就名不符实。酒庄管理者或者是拥有人，如果漫不经心地对待葡萄及酿制，那葡萄酒一定会以不好喝回应他们，还以“颜色”。

我曾看某位中国著名酒评人文章，说自己很客观地评酒。我想酒评人一定是以职业者的敬业态度写酒评的，但说到客观，喝葡萄酒这件事，本人认为是很主观的一件事。因为每个人的嗅觉、味觉都不同。当然对顶级酒会有很多相近的感受，可是，不同的心境下，对葡萄酒的感受是不同的。

酒评人，评酒是职业，他们的经验对大家都很重要，你可以根据他们提供的方向找寻感受，而你自己还有可能有自己的感受。世界上最具影响力的葡萄酒评论家帕克给葡萄酒订立了百分制的评酒方式，应该说是他对葡萄酒评价的巨大贡献，他使得许多葡萄酒爱好者可以有一个方法表达对葡萄酒的感受（如同给文学作品打分）。

这位美国著名酒评家帕克积极地在全世界推广美国葡萄酒，美国葡萄酒今天在世界的地位有他重要的功劳。

对名庄名酒大家基本看法上都是一致认同（无可替代的风土，庄园对葡萄种植的苛严、酿造者的精益求精、历史的传承，无可争议）。但也不要盲目。说句实在话，我很是佩服日本人的执著及对事物的着迷。日本漫画《神之水滴》中居然找出，佳酿年份能与法国波尔多五大酒庄相媲美的低等级酒庄的葡萄酒，这不能不让我与大家做一个分享。1978年的欧布里昂（La Touer Haut Britor）、1990年的木桐（Château Mouton-Rothshild）、波仪亚克（Pauillac）5级酒庄、拉寇斯特堡（Ch.Grand—Puy—Lacoste）、1985年的拉菲（Château Lafite-Rothschild）、索利安德·玛雷堡（Ch Sociand Mallet）中产酒庄级、1986年的拉图（Château Latour）、圣朱利安村（St.Julien）的4级酒庄，酒塔尔博堡（Ch. Talbot）、1970年的玛高（Château Margaux）、夏斯普林堡（Ch.Chasse—Spleen）中产酒庄级葡萄酒。故事是这样写的但是不是这样，我没有比较过也不敢肯定。

我相信，每个人对酒的好坏都有不同的判断。因为，以人作为测定仪的时候，他是感性的，他跟机器不同。每个人的鼻子和嘴都对食物的敏感度不同。因为人与人之间的不同，所以我们对葡萄酒有多好的观点也是各有不同的。许多葡萄酒专家的意见左右着葡萄酒世界的价格（比如，帕克对于葡萄酒的打分常常成为定价的重要标准）。2004 年被许多酒评家们评为不适合收藏，这得以让葡萄酒迷们，可以较为低价地喝到名庄大酒。但是，你的嗅觉、味觉决定你的喜欢于否。专家一致认为是好的葡萄酒，那一定说明它是品质好的葡萄酒。你可以认定它是好葡萄酒，至于你自己喜欢于否，那要看自己是否认为它好喝。我有些很有主见的朋友，在品尝到“拉菲”时并不觉得好喝，他们就会明白的表达自己认为它并不好喝的原因；智利的酒他们觉得不错，那也是因为喝到了自己能够充分体会到的芳香、果味及其他的原因，他喜欢葡萄酒的个性。

葡萄酒自开始被人类饮用，一个最重要的部分就是给人以享受。如果一种葡萄酒最主要的目的是要味道好，那么，品尝此酒的人，才是唯一能够给它下结论的人。“好喝不好喝，自己的嗅觉、味觉告诉自己。”

总结一下，什么是好的葡萄酒。从很感性的角度说：好的葡萄酒可以有两种表述：质量好的葡萄酒；自己认为好喝的葡萄酒。名庄葡萄酒一定是好葡萄酒，你如果不喜欢，它对你来说是不好喝，那不用去喝它，好葡萄酒，一定要是你喜欢喝的。

葡萄酒世界里十分有趣。你喜欢的葡萄酒，你有权利宣布它是“好”葡萄酒，但是，这并不代表你可以对自己不喜欢的葡萄酒，你就有权利宣布它是“不好”的葡萄酒。在这个游戏中，你可以制定自己的规则，但是，你不能强迫别人按照你的规则来玩游戏。

我发现葡萄酒的世界，跟世界各地的大学很像。名庄及名葡萄酒，就像哈佛、剑桥等等世界名校，整体优秀，但也不是人人成为栋梁。名庄名葡萄酒都是好葡萄酒，但也不是年年都“拔头筹”。如果不考虑价格因素，那么可以说，也许它

顶级葡萄酒的色香味均属上佳

好喝的葡萄酒是对品质、窖藏、艺术等的综合感受

名庄酒是品质的保证（1987木桐）

列级酒庄中有很多名头不响却品质极佳的酒品

不是年年好，但你不会喝错。

葡萄酒专家们以自己丰富的经验，为葡萄酒的经营者及消费者提供了一个基本的选择。葡萄酒庄的排名就像是在世界各地的大学（哈佛、剑桥、北大）的排名，专家就像排名的机构，他们用一些专业的标准，包括一些难以理解的概念，表述葡萄酒的特性。

那些有个性的小酒庄，就像一些地方性的大学，因为某些专业特别突出，培养出出色的人才。名庄以外的葡萄酒就是这样。

葡萄酒的味道

我记得夏天的时候，有一次在酒店里与朋友们一起吃饭。我带了一瓶波尔多右岸的特里亚侬（Chateau Trianon）干红葡萄酒，因为夏天时，没有放在酒柜里，开瓶时一股冲鼻的酒气扑面而来。虽然说属于保存不当，但当它醒酒舒缓后，依然体现出右岸葡萄酒的柔和、曼妙。喝到嘴里时，我才觉得，还好我对它的慢待没有使它劣化（如果是纤细的勃艮地就一定给我颜色看了）。这次经历使我再次明白，葡萄酒温度的重要性。如同合适的酒杯一样，会提高你享受葡萄酒的滋味。葡萄酒的适当温度是你享用葡萄酒的关键因素。我曾经有这样的经历，同一款酒常常喝出不同的体会，其中很重要的一个原

特里亚侬群芳的闺阁雅致幽静

因就是，不同温度下的同一款葡萄酒它展现给你的味道是不同的。大多数酒体醇厚的红葡萄酒应该的存放温度为15°—18℃。葡萄酒像养在家里未曾见过外人的“囡囡”，当你开瓶时，如同“囡囡”招亲。

特里亚侬佳酿的味道有着相当丰富的层次感

味道，本人以为是嗅觉与味觉两个层次相得益彰的体验。你鼻腔上方的嗅球有多敏感，你的嗅觉就有多丰富；你的味蕾的敏锐程度决定你对口腔味道的感知能力。我们感受葡萄酒的味道有两个决定因素：（1）葡萄酒本身所具备的味道；（2）作为个人对味道的感受力。每个人的嗅觉、味觉都不同，生活阅历也不尽相同。有些人天生敏感，有的人需要唤醒沉睡的味蕾。如果你有鼻炎，那你嗅觉一定会稍逊一点。也许像著名的葡萄酒评家罗伯特帕克就是个天才的葡萄酒鉴赏家。也许老外的大鼻子是他们嗅觉好的重要原因（一己之见的笑谈）？有没有必要为品鉴葡萄酒而花时间去上个葡萄酒学校，为葡萄酒训练自己的感官这件事完全由你自己决定（有葡萄酒的地方就有葡萄酒学校。这是不是很有趣呢）。在美食世界里，没有喝白酒的学校、没有吃饭的学校，唯有喝葡萄酒需要增加学校来开发你对喝葡萄酒享受经验值。葡萄酒学校的课程可以开发你沉睡的意识，将你被淹没、尘封、敏感地藏在大脑中的对自然的认识开发出来，享受自然的赐予。

柔和曼妙的特里亚侬出阁待启

如果你感冒了、如果你情绪不好、如果你很疲倦，这些都会影响你品尝葡萄酒。你也许会说我夸张。举个例子吧，感冒了，你鼻塞，口中无味，你无法感受到食物的滋味；你感到伤心或者沮丧时，你会说：怎么吃什么都不香了。这个比喻只是想说明，你的味蕾跟你身体的其他部分，甚至是心理感受都紧密相关。

蕴藏着原野记忆的葡萄佳酿

如果大家在餐桌上只是一杯一杯的干杯，那只是说好的葡萄酒不会使你宿醉，不会使你第二天头痛欲裂罢了，也就是说对你身体的伤害较少；但你不会发现葡萄酒的变化，它是如何随着时间的流淌而绽放。大家都有买花的经验，花从含苞待放到盛开的过程，花香伴随着花的曼妙开放是那么的相得益彰。葡萄酒也是这样，它带着自然的灵魂奉献给人类自己的美妙。

如果你希望的是分享葡萄酒，那波尔多、勃艮地、罗讷、纳帕、里奥哈那些酒里的秘密，在你打开它时，它就开始向你诉说：森林里，奔跑的野兽、原野的广茂，树上的野果、四季的花香。跟朋友们一起分享的最大受益是，彼此相互交流，使你发掘出自己鉴赏葡萄酒的潜力。如果酒香不是特别明显，它的果味一定会简单直接。

记得有一次喝罗伯特·蒙大维（RobenMondavi）旗下的一支酒时的感受：大而包容，不那么矜持。你一定有这样的经验，在美国，麦当劳的小可乐都相当于中国的大可乐。大，是美国葡萄酒给我的直接感受。

高品质的好酒一定回味绵长。你会先通过嗅觉闻到一些芳香或者这种葡萄酒特有的气味，而后你品酒的时候，又会体验到一种萦绕不绝的余味。回味以及余味有的稍纵即逝，有的就像是一部歌剧的序曲，为你拉开到达高潮的前奏，是歌舞剧还是歌剧，是男高音棒还是女中音好，这都是你的个人喜好。味蕾将你所有的感受传递给你的大脑，你的心开始完成一次精神上的体验。只有当这瓶葡萄酒喝完时你的体验才像演员谢幕一样终场。

你有没有试过这样形容葡萄酒：充满着冒险与奢华，如布鲁斯南扮演的007（我觉得加州葡萄酒有这样的感受）；勃艮地干白细腻典雅如基德曼（德国

007 寄托了多少男人的梦想

的甜白酒让我感受到《罗马假日》里的公主——奥黛莉·赫本）。

细腻典雅的葡萄酒一定是最可口、最和谐纯正的。当然它也必然是顶级佳酿。这些葡萄酒宛如亲民的王室，高贵、优雅，可亲、可近、可爱。这部分顶级葡萄酒，其结构、味道及丰富性等多种元素和谐一致，达到了几乎无以名状的完美境地。对于这些顶级美酒，发酵只是通往这个醇美佳境的漫长道路的开始，它完全可以与优秀的艺术作品相媲美。

波尔多的名庄酒玛高（Château Margaux）高贵典雅如女王，女性的细腻与高贵典雅是不是会让你感受到与女王同在的浪漫，这可以说是在身边可感受的罗曼蒂克吧。

加州葡萄酒是奢华与冒险的融合

有一次一个朋友跟我说：别人请他吃饭开了一瓶叫“柏图斯”的葡萄酒，他们说很贵，但不知道为什么喝起来跟“咳嗽药水”一样，这个酒是不是真的很贵？我觉得彼德绿堡的园主一定会很伤心，“柏图斯”——1947 年英国女王大婚的御用酒，这瓶葡萄酒一定会觉得很委曲。它生命的价值就是喝它的人能够是它的知己。波尔多庞马洛的“柏图斯”

的骄傲跌倒在中国的餐桌上了（如果是保存不当，使高贵的柏图斯变成“药水”，也太让人伤感）。一瓶保存完好而又进入适饮期的顶级葡萄酒（特别是“柏图斯”这样的酒），它一定是会让你感到像皇帝一样的高贵。

勃艮地干白是细腻与清雅的交汇

法国历史悠久的名庄几乎都曾是某一位皇帝、君主、贵族的最爱。

罗曼尼·康帝（La Romanee–Conti）是天下第一园，法国国王路易十五餐桌上的必备。

柏图斯庄园（Petrus）。1947 年伊丽莎白女皇的婚宴上，柏图斯又一次成为女皇的喜爱。一时间从巴黎到伦敦，酒桌上没有柏图斯的餐厅就一定不是一流的餐厅。

拉菲·罗斯柴尔德（Château Lafite-Rothschild）。18 世纪早期，Ségur 侯爵尼可拉斯·亚历山德拉（Nicolas–Alexandre, marquis de Ségur）已将他的酒介绍给欧洲上流社会。因为受到黎塞留主教的强力支持，他和拉菲酒庄分别被称为“葡萄酒王子”。拉菲酒庄的地位已然确立了。美国总统托马斯·杰弗逊曾访问过拉菲酒庄并成为其终生客户。

拉图（Latour）。1670 年由法国路易十四私人秘书戴·夏凡尼（de Chavannes）拥有。18 世纪就已经为英国王室和贵族杯中物，当时拉图酒就已经比其他波尔多酒贵 20 倍左右。

玛高（Chateau Margaux）。15 世纪“玛高庄园”的产权就在当地贵族中间转来转去。约在 1860 年，玛高庄园落在贵族达拉狄（D'Aulede）家族手中。到了 1755 年园主成为玛高男爵，并有一个侯爵封号。

木桐·罗斯柴尔德酒庄（Château Mouton Rothschild）。1977 年，英国女王伊丽莎白二世以及其母亲伊丽莎白王太后伊丽莎白·鲍斯—莱昂拜访了木桐酒庄，这次的拜访被设计在标签上作为纪念。

奥比昂（Chateau Haut-Brion）。1663 年 4 月 10 日，当时著名的英国酒评家杉缪·佩匹写道：“……这种名为奥比昂的法国葡萄酒滋味美妙独特，我第一次品尝如此特别的佳酿……”正是英国王室及贵族在16世纪就倾心于它的原因，才使它成为1855年唯一一个非梅铎区被评为一级酒庄的葡萄酒。

穆熙公爵夫人全权负责的酒庄。酒庄设了葡萄栽培园，园内囊括了全法国的葡萄品种。在这片葡萄园内保存了海内外大部分品种，成为葡萄品种自然博物园。

法国葡萄酒文化的传承在贵族、王室、宗教的护佑下得以发扬光大。

奥比昂酒庄是一个历史悠久的名园，在14世纪已辟为葡萄园。

中国好像没什么酒得到帝王的护佑。

什么样的葡萄酒是不好的葡萄酒

质量不合要求的葡萄酒是不好的。不过我们国产葡萄酒的标准一直没有完善。劣化的葡萄酒、有异味的葡萄酒到处充斥。

最近我们国家流行“山寨版”。“山寨版”手机、“山寨版”明星、“山寨版”……“山寨版”葡萄酒也有，眨眼一看以为是“拉菲”，仔细一看你会发现少了一个字母，这样的“山寨版”很可怕的是它不知出自何方。还有一种情况：永远销不完的某年份限量葡萄酒。

不要迷惑，一切的权利在自己手中，掌握购买葡萄酒的基本要素，买质量好的葡萄酒（价格不高并不代表不好），相信自己，喝自己喜欢的葡萄酒。

我的葡萄酒“原则”

葡萄酒简单到你觉得好喝就好。另一方面，它又复杂到不同的国家有不同的分级，不同的酒标以及那喝不过来的酒，喝不完的那么多的酒庄。我自己觉得享受葡萄酒的人最大的乐趣是体验。我曾经为看到那么多酒庄的名字不知所措，也不知道怎么能找到跟葡萄酒评家一样的感受。我发现，只要是进入技术领域及专家领域，你就会有很多让人不明白的名词，所有的一切都变得很复杂。1+1=2好像一岁的小孩儿都知道，但1+1=2到了专业领域，到了数学家那里，现在还是一个“哥德巴赫猜想”。

我按我的逻辑跟大家做一个分享，希望专家们原谅。

天地灵气烘托出葡萄酒至尊的神韵

葡萄酒的原则 taste&enjoy

中国人的葡萄酒消费以红葡萄酒居多。可以说大家很有福气。因为全世界各地的红葡萄酒都有很好喝的，品质很高的。当然，应该说世界的红葡萄酒都向法国勃艮地及波尔多致敬。在中国可能有许多人知道法国波尔多葡萄酒不知道勃艮地。并不是信息没有，现在网上都有大量资讯，只不过是它像高不可攀的傲慢公主，懂它接受它都不容易。而且勃艮地葡萄酒普遍贵于其他产区及国家的葡萄酒，并且在世界各地销售较少。也许你会用“小沈阳”的问话方式问：“为什么呢？”

这么说吧，勃艮地葡萄酒经营费事。勃艮地太多小酒庄，产量很小，品质差异很大。天下第一酒庄，最好的酒庄酒（罗曼尼·康帝）全世界最贵，你还拿不到。每个酒庄品质都只能由自己的酒庄负责，价格高昂，销售费事，利润不高，大众认识度低。不过，酒圈中人总以理解勃艮地为傲。勃艮地的佳酿葡萄酒真的是酒中极品，拥有一切葡萄酒最妩媚迷人的特点。中国人接触勃艮地葡萄酒最多的应该是博若莱葡萄酒（其实，它跟我們所知道的勃艮地非常不同。它所使用的釀酒葡萄不是黑皮诺 Pinot Noir 而是佳美 Gamay 葡萄）。而通常意义上说的勃艮地是指用黑皮诺（Pinot Noir）为原料酿制的葡萄酒。

勃艮地葡萄酒园都是小酒庄的原因并形成这样的格局是因为法国大革命。因为它距离权利中心太近受到很大的影响，法国大革命使得土地被分配给了大众。而波尔多因为远离权利中心受大革命影响较少，土地未像勃艮地那样被分割。当时的勃艮地葡萄园作为贵族及天主教会的财产被分配给大众。而《拿破仑法典》又要求土地均分给所有继承人，从而使葡萄园被进一步分割。勃艮地有一个很有趣的事，一个葡萄园可能有好多个拥有者，可能一个拥有者只有一个葡萄园的几排葡萄。

勃艮地的地理环境也十分有趣，可以这么讲，你吐一口吐沫的距离，土质就会有不同（罗曼尼·康帝酒园的风土特别之处就在此，独一无二的风土条件的不可替代奠定了不可动摇的地位）。如果说别的区域也能酿制出接近红勃艮地葡萄酒王者风范的罗曼尼·康帝的（只是接近），但是白勃艮地葡萄酒，没有什么可与其争锋，特别是康帝园的那支白葡萄酒梦拉谢无论是喝到还是收藏都标

八大名庄顶级佳酿

志着你对葡萄酒水平，以及对葡萄酒文化的理解。

勃艮地白葡萄酒很容易亲近，即使你没喝过葡萄酒你也会喜欢。一般的（不是陈酿级的）勃艮地白葡萄酒酿制两三年即可以喝。它口感滑润、香味浓郁、酸度适口，品后常余味绵延，香味富于变化，除了那些葡萄酒原有的香味还会有一些独特的味觉感受。

波尔多以葡萄酒闻名遐迩。有高高在上的五大酒庄，更有亲近平民的村名葡萄酒。波尔多葡萄酒任何价位的选择都会有你可期待的惊喜。

在这里稍稍要说一下的是：1855 年的评级并没有将右岸葡萄酒列入。现在右岸白马、欧颂、柏图斯（彼德绿）堡与五大酒庄一起称为“波尔多八大酒庄”。

甜白酒的桂冠

不知道是不是全世界的人对红葡萄酒认识度都比较高，因此到处都能酿制好喝的红葡萄酒。但甜白酒因为太多的困难，因为普遍的贵，因为是小众享受，使这纯美佳酿成为高不可攀。

法国波尔多的苏玳区的伊甘庄贵腐酒，1855年评出的特一级葡萄酒。为追求品质以舍求精，我们做个比喻，波尔多拉菲庄一株酿一瓶红葡萄酒的葡萄，伊甘庄一株葡萄只能酿一杯贵腐甜白，葡萄不好的年份以不生产而保证自己的高贵。伊甘庄的贵腐甜白：喝过一辈子忘不掉。

对德国甜白酒，我要说："太好喝了！"第一瞬间感觉到甜但迅速被酸融合，它们有机的平衡真的是可以"津津乐道"；清及丰富的果味及酒的宽度那叫一个"爽"字可解。我觉得它比红葡萄酒更"简单"（有点像中国人的：大道至简）。大家常说：好的红葡萄酒要"醒酒"，需要搭配（至少需要小食），但甜白酒你可以打开就喝，不搭配任何食物就有满足的体验。当然，如果你有耐心等待的话，你等待到它成熟，十年、二十年、三十年，你会惊叹岁月让你所体会到的生命的旋律。说到这里，我满口生津，美妙回旋在心里。也许是德国甜白酒甜度与酸度的平衡使它充满迷人的回味吧。法国波尔多的苏玳区的伊甘只生产宝霉葡萄酒（Botrytis Cinerea），庄主认为不好的年份，就会放弃生产以确保酒的品质。

贵腐葡萄已经成了伊甘庄园的标志性装饰

一辈子不会忘的贵腐甜白

甜白酒有以下不同：

（1）一般葡萄酒（Kabine-tt）；（2）迟摘葡萄酒（Spatlese）；（3）精选葡萄酒（Ausese）；（4）逐串精选葡萄酒（Beerenauslese，BA）；（5）枯萄精选（Trokenbeerenauslese）；（6）冰酒（Eiswein）；（7）宝霉葡萄酒（Botrytis cinerea）。

W 奢侈的香槟

英国文豪狄更斯称：香槟是“极致优雅生活之一”。

拿破仑：“香槟！胜利时需要它，抵御敌人时需要它。”

当拿破仑率领军队东进直至奥地利、普鲁士和波兰时，香槟与之相伴。由此，香槟随拿破仑征服欧洲。传说兵败滑铁卢是因为战前香槟未能及时送达，导致拿破仑战败。当然，我相信这仅是一个演义。他与俄国军队最后一役是在帝王之地兰斯（香槟之地）。拿破仑的厄运并未波及“香槟”。俄国人打到香槟之地，发现了这种美妙的葡萄酒，“香槟”因而出口沙皇俄国并受到沙皇的喜爱。香槟，最闻名的故事是沙皇亚历山大二世请求Louis Roederer香槟庄专门为沙皇酿造Crystal香槟，使用透明的水晶瓶，专供皇家饮用。由此一款金色酒标的香槟，闻名世界，至今盛销全球，成为尊贵生活的象徵。

在“香槟”名被全世界滥用的时候，法国人居然为了“香槟”这样一个名称锲而不舍地打了700多场官司来捍卫它的名称权，这是不是十分有趣呢？

我们都知道只要产葡萄酒的地方都产气泡酒，但只有法国香槟区的气泡酒可以叫“香槟”（法国香槟区以外的地方叫其他地方的气泡酒，以前也有自己叫香槟酒的，但都不能与法国香槟相提并论，现在香槟的名称只属于法国“香巴尼区”）。

在我的电影记录集里有一些影片是这辈子会看N遍的，“罗马假日”就是其中一部。《罗马假日》里奥黛莉所扮演的公主，在那个明媚的中午，那个不会令人忘记的午餐，公主要了香槟作为她的餐前酒，这让想接近她的记者掏空

贵为帝王之地、香槟之地的兰斯

了钱包。这是香槟给我的最早记忆。在法国卢浮宫你会看到很多幅蓬皮杜夫人的画像，这位法国时尚楷模推动了法国宫廷对香槟的热爱，她将唐·佩里侬香槟带进了法国宫廷。九大香槟品牌，我记得那次喝唐·佩里侬香槟的深刻印象。刚好是夏天的下午，没有吃茶点前，主人精心地从冰桶里取出冰了许久的香槟，倒在冰过的香槟杯里，气泡欢快地带着凉意溅跳着，在气泡还没有消失前呷了一口，细腻的气泡在你口中跳跃。已经不记得其他的感受了，但它与龙虾色拉相配入口，那是如初恋一般妙不可言。

如果要为香槟写本书，那恐怕是一部欧洲的贵族及王室的娱乐片，当然还有贵族及王室风流史，如果还有的话，就是，胜利与香槟同在。

雪利酒和波尔图酒我都没喝过。葡萄酒收藏家告诉我，它们都很有个性。波尔图酒这种加了白兰地的红葡萄酒是葡萄牙人的骄傲。

香槟（CHAMPAGNE）

“没有一样东西比一杯香槟更能使人生变得如玫瑰般地瑰丽。”这是拿破仑

香槟是极致优雅生活的标志

象征胜利的香槟塔

金色香槟尊贵生活

水晶杯中的香槟折射出摄人心魄的金色

的赞美。

路易十六在断头台上行刑前，还需要用香槟来安慰自己；俄国的凯瑟琳大帝曾经用香槟来鼓励她的青年军官朋友们；拿破仑曾经利用香槟来加强他与埃佩尔市长间的亲密关系。香槟促使公关发展成了一种艺术形式。

由巴黎向东行驶约 1 个小时就到了一片共有 2.6 万公顷的香槟区（也称“香巴尼）。每年生产 2.6 亿瓶香槟酒。香槟区的气候是法国所有葡萄种植区最严寒的，其他种类的好的葡萄不可能在这里出产，这里是自然为酿造这种叫香槟的葡萄酒而创造出来的。酿造香槟的葡萄种植在条件严酷的被圈定为原产地监控命名的小块土地上。它们主要生长在朝向良好的在兰斯和埃佩尔内地区的山坡上。这一地区由一层厚厚的白石灰覆盖，直到兰斯城，那里许多世纪以来开凿了数百公里的酒窖。石灰给葡萄更快成熟带来了必要条件，因为它反射阳光，使得土地更热，种植了适合香槟酒的黑皮诺（Pinot Noir）葡萄、莫尼耶品诺（Pinot Meunier）葡萄 、霞多丽（Chardonnay）葡萄。香槟跟其他葡萄酒发酵不同，它只能用瓶内二次发酵法来生产，也就是我们通常说的“香槟法”。用于酿造香槟的葡萄要先酿成静态没有气泡的白葡萄酒，然后装到瓶中添加糖汁与酵母，在瓶中进行一次小规模的发酵，这次发酵只是为了让酒产生气泡。把在低温条件下储存两年多的“基础酒”中加入砂糖溶液和人工酵母，然后将酒、

香槟开瓶瞬间

细腻的气泡是优质香槟的象征

糖、酵母的混合原料一瓶瓶地装入香槟酒瓶中。封好口的香槟酒瓶被放入地窖里，头尾相间，水平放置。窖内保持恒温 12°—14℃，进行缓慢低温发酵。经过 80 天左右，瓶内生成大量二氧化碳，每平方厘米有六个大气压力。香槟酒的发泡过程完成了。

发酵好的香槟酒还要在贮藏室里贮存两年乃至更长时间，让瓶内的二氧化碳慢慢地、完全地溶解在酒中。

完全发酵好的香槟酒又被移置于地面特制的木架上，木架成 60 度斜角，瓶底朝上，瓶口向下斜放，每天转瓶、嗑瓶一次，连续进行一个月以上，以使瓶内的沉淀物缓缓聚集于瓶塞处。

然后将沉淀好的酒瓶放入水温为 5℃的冷水槽内降温，如此这般，一瓶优质香槟酒历时 4—5 年才能酿就。

凡质量优良的香槟酒，应当具备四个条件：

第一，色泽明丽。白香槟酒应为淡黄色或禾秆黄色；其他香槟我们较少喝也不做特别介绍。不论何种颜色的香槟酒，都应澄清透明，不能有可见的悬浮物。

第二，启塞时响声清脆、悦耳。

第三，酒倒入杯中后应有洁白的泡沫，而且泡沫不断地从杯底向上翻涌，持续不止。葡萄酒业的行话叫做：“起泡持久。”

第四，具有醇正清雅、优美和谐的果香，并具有清新、愉快、爽怡的口感。调配对于香槟来说是极为重要的环节，可以说是香槟酿造技术的精髓所在。香槟是法国最靠北的葡萄产区，气候寒冷而生长条件恶劣。为了保持香槟酒每年质量和口味的稳定，绝大多数的香槟都是将多个不同的年份，不同的品种，来自不同产地的基酒混合在一起而构成的。每年，各大香槟酒厂都要品尝大量的基酒，并将它们精准地调配在一起，这些基酒有时多达 300 甚至 400 种。

葡萄酒的二次发酵是另外一个关键环节，添加瓶中的糖汁在酵母的作用下产生酒精和二氧化碳。酒瓶是密封的，这些少量的二氧化碳就会慢慢溶解在酒中，此时，酒瓶中的压力大概可以达到 5—6 个大气压。发酵后死去的酵母慢慢地积累在瓶子的壁上，很难排除到瓶子外面，这個問題在 1818 年，凯歌香槟

香槟酒窖

（Veuve Clicquot）的酒窖主管发明了一种方法，在二次发酵之后陈酿过程中，将酒瓶倒立在一个带孔的“A”形支架上，每天工人要将每个酒瓶转动1/4圈并改变酒瓶的倾斜角度，到结束时，酒瓶已经瓶口朝下，竖直立在“A”形支架上的孔中。然后，将酒瓶口部分冰冻，将瓶口打开，瓶子里面的压力就会把冻得像果冻塞子一样的沉淀物顶出来，当然这个过程免不了损失一点点葡萄酒，还要向瓶中补回去一部分甜酒，补回去甜酒的糖度就直接决定了香槟的糖度。

香槟有不同的风格种类：

- 超干（Extra Brut/Ultra Brut）：并不常见的香槟，它的口味非常干，残糖在0—6克每公升之间。
- 自然／干（Brut）：最多的香槟都是这种风格，通常在酿造时补充了1%的甜酒，有时候在葡萄十分成熟的年份，不需要添加甜酒也可以达到这个水准，残糖在0—15克每公升之间。
- 次干（Sec）：这种风格的香槟也不多见，酿造时补充了1%—3%的甜酒，残糖为17—35克每升。
- 半干（Demi Sec）：这种风格的香槟是肥鹅肝的好伴侣。由于添加的甜酒量达到3%—5%，残糖有35—50克每升，具有比较明显的甜味，但

色泽明丽

启塞清脆

汽泡持久

醇正清雅

优良香槟的条件

是正好和香槟的酸味搭配出酸甜的口感。

- 甜（Doux）：此风格香槟非常甜，现在已经很少了。它添加了8%—15%的甜酒，残糖在50克以上。早期的香槟酒都是这个风格，代表性香槟是“凯歌”香槟。沙皇时期的俄国曾经是这款香槟最大的出口市场，出口到俄国的香槟主要是这种风格的。

香槟的酒标上会有明显的“CHAMPAGNE”字样。Blanc de Blanc：这是一种完全使用白葡萄——莎当妮（Chardonnay）酿造的白色香槟；Blanc de Noir：这是完全使用黑葡萄（黑比诺和莫尼耶比诺）一起或者单独酿造的白色香槟；Degorge en：香槟去除沉淀的日期。

香槟的专业注册代码：通常出现在酒标下部的小字里面，是香槟管理机构CIVC从1990年制定的，其中包括如下类型：NM——混合酿制香槟厂，自己种植葡萄也可以自己收购葡萄，多数大香槟厂都属于此类型；RM——独立香槟厂，自己种植自己酿造的小型香槟厂；CM——合作社型香槟厂，由不同的种植酿造者联合而成；SR——种植主家族型香槟厂；RC——联合种植者香槟厂；MA——销售方贴牌酒。

其他国家生产的酒，大都以法国的制造法为范本，也有以简化的方法制造的。在过去的100年里，香槟的名称被无休止地滥用，美国有上百万瓶的劣质起泡酒标着“香槟”的字样。法国为保护自己民族的骄傲，法国人在全世界打了700多个官司来维护“香槟”名称的纯洁性，目的是为了让大家知道——“只有来自法国香槟产区的起泡葡萄酒才能配得起‘香槟’这个名字！”

大多数的香槟酒，味道都不错，如果在酒会上只重量而不重质，配什么样的气泡酒都无所谓。如果你很在意那么只有法国香槟能谈得上质。

如果说普通的静态葡萄酒酒瓶的大小仅仅是容积的多少问题，那么对于香槟来说，酒瓶的大小远超过容积的意义。故事还得从香槟去除沉淀的时候开始，在香槟酒去沉淀的时候，一部分酒也会喷出来，不管是多大的瓶，损失葡萄酒的量总是差不太多。因而当对比不同尺寸的酒瓶中相同品牌的同一款香槟的时候，尤其是对比半瓶装和双瓶装的时候，会发现，大瓶子里面的香槟口感要更加干爽和细腻。香槟酒瓶有不同的尺寸，从最小1/4瓶（187ml）到最大Nebuchadnezzar容积15公升（相当于20个标准瓶）。不过最常见的还是标准瓶装（750ml）和双瓶装（Magnum，1.5L）。

香槟酒不需要特别照顾，平放在凉爽的地方就可以。在饮用之前，冷度应在5°—9℃之间，或放在冰箱里45分钟就够了。但不要放在冷冻室里，如果结了冰，就永远不会回复原状；如果时间急迫，放入冷冻室只15分钟就够了。杯子要先冰凉，切不可加冰块。冰凉的香槟，有两种好处：一是味道体现得更好；二是斟入杯子时容易控制气泡外溢。温的香槟，开瓶后会喷出来，弄脏了场地，也浪费了酒。

香槟开后最好一次喝完，如想留起来，要用特制瓶塞（专門的香槟瓶塞），并放在冷凉的地方。打开过的香槟如气泡已消失，第二天仍可喝，或用作烹调也好。

香槟酒开法与斟法

开香槟时，有下列几个步骤：

1. 左手握住瓶颈下方，瓶口向外倾斜十五度，右手将瓶口的包装纸揭去，并将铁丝网套锁口处的扭缠部分松开。

2. 在右手除去网套的同时，左手拇指须适时按住即将冲出的瓶塞；然后右手以餐巾布替换左拇指，并用手掌捏住瓶塞。

3. 当瓶塞冲出的瞬间，右手迅速将瓶塞向右侧揭开。

4. 如瓶内气压不够，瓶塞无力冲出时，可用右手捏紧瓶塞不动，再以握瓶的左手将酒瓶左右旋转，直到瓶塞冲出为止。

如果瓶塞很紧，可用大拇指稳定地往上推挤，然后再拧动。如果瓶塞上部拧断了，可用烤肉叉或粗针先穿个洞，把瓶中的气放出，然后再用螺丝开瓶器将瓶塞拧出。

倒香槟酒时，用手握住瓶子中部，把食指撑住瓶颈，以求稳妥。初往杯子里斟时，气泡会喷起来，因此要先斟少量，等气泡减少时再继续斟到大半杯为止，然后将瓶向上方扶正，以防酒漏到外面。

购买香槟酒技巧

通常出售的香槟酒有三种：BRUT（不甜——含糖量最少），EXTRA SEC 或 EXTRA DRY（略带甜味），SEC 或 DRY（甜的），适合饭后吃点心时喝，这类酒的消耗量不大。这三类酒以第一种 BRUT 最适用，纯饮或调酒都可以。

香槟有很多不同容量的香槟酒瓶，需要什么样的可以自己视到场人数决定。

启塞

瓶塞冲出

香槟开瓶已经升华为有趣的艺术

瓶塞冲出的香槟

倒香槟酒

香槟开法与斟法

瓶子越大，气泡会越少。

香槟在葡萄酒中，是一种最美好的酒，因为它制造费时、过程繁杂，所以在价格上就不会很便宜，香槟被称为最富魅力的酒。在婚礼、接待，或正式餐会中有它会为餐宴增色，其他时候，无论是什么时间及地点有它都可让你觉得“enjoy”。诸如佐食蚝、火腿、点心等。不过一般大家都是以食物的类别，来决定该饮用何种味道的香槟，这点跟其他的葡萄酒有所不同。

香槟塔倒酒法

在17世纪前，发泡的葡萄酒尚没有取“香槟”的名称。伦敦人就已经爱上了这种含气泡、有活力的新鲜的白葡萄酒。“它的芬芳如此浓郁，简直令人终身难忘”。1674年，香槟酒所到之处，风靡万千，令其他酒黯然失色。一度法国国王路易十四不喝其他任何酒，他固执地只喝香槟。

香槟是最富魅力的酒

香槟地区种植葡萄和酿酒的历史可以追溯到公元3世纪以前。从公元5世纪到文艺复兴时期，香槟地区凭借其紧靠马恩河的水路运输优势，将葡萄酒卖到罗马帝国重要的葡萄酒市场。从公元987年，Hugh Capet在香槟省的首府兰斯市（Reims）加冕成为法国国王，从此之后一共有37位法国国王在此加冕，于是兰斯成了中世纪法国的宗教和政治中心，这也让周围葡萄园的建设受益匪浅。1584年，香槟省出现了第一家具有正规意义的酒厂——古塞（Gosset），当然，那个时候酿的是普通的静态葡萄酒而非带气的香槟酒。现代香槟酒，满带欢腾气泡的香槟酒的发明是17世纪晚期的事情。在香槟省奥维耶修道院曾经有一位叫做佩里侬的修士（Dom Perignon），他在1668—1715年是修道院酒窖主管（有趣的是这位修士滴酒不沾）。很多美丽的传说讲述了他在偶然状况下发明起泡香槟的故事。不过传说，当时的佩里侬修士整天在为如何防止香槟发泡而犯愁，根据当时的条件，修士更倾向于酿造好的静态葡萄酒，他发明了用红葡萄酿造白葡萄酒和将不同的原酒进行调配的方法。本来希望这种葡萄酒能尽量不产生气泡。而葡萄酒起泡，完全是不得已的事情。困扰他的另外一个问题是怎么才能使它不变质？后来 D· 佩里侬从西班牙的修士那里学会了使用软木塞，使用了软木塞的香槟不容易变质。他第一个用软木来作香槟酒瓶塞并毫不吝惜地扩广给其他酒农，虽然其他葡萄酒产区早已开始使用软木塞，但他是第一个把软木塞使用到香槟酒上的人。在此前香槟酒是用麻屑做的瓶塞，使用软木塞后可以使香槟酒中的气泡保存更长的时间。虽然并非是佩里侬发明了香槟，至少不是他一个人发明的，但是仍然不能否定他"香槟之父"的地位。葡萄农为了纪念他所作的贡献，为他铸造了塑像，并且在 1939 年，举行了 300 周年纪念仪式。

"香槟"是法国人的骄傲，它带给全世界欢乐，香槟酒" CHAMPAGNE"一词，与快乐、欢笑和高兴同义，因为它自诞生就是为了庆典而存在。它充满着奢侈，霸气、诱惑和浪漫的色彩，也是葡萄酒中之王。在历史上没有任何酒，可比美香槟的神秘性，它给人一种纵酒高歌的豪放气氛。香槟酒的味道醇美，适合任何时刻饮用，配任何食物都好；如举行大的宴会，用香槟比其他混合酒更恰当。在婚礼和庆典仪式上，它的明快、欢乐都是最适合表现喜庆的。

葡萄酒之王香槟

可以搭配任何食物的香槟

香槟代表了彼此间诚挚的祝福

如果有人问“什么时候适合喝香槟？”告诉他：“任何时候！”你可以从一个慵懒的早晨喝上一杯提神醒脑，喝到明媚的下午去暑解渴，再喝到晚上开胃生津，最后在睡觉前喝上一杯安神。

F1 方程式赛道的终点，冠军尽情喷洒香槟的泡沫来庆贺胜利；玛丽皇后二号下水的一刻，一瓶香槟砸向船头象征着对她一帆风顺的祝福。名流雅士都在颂扬香槟，包括最有权势的男人：丘吉尔、拿破仑，和最风情万种的女士玛丽莲·梦露、蓬皮杜夫人。

英国著名经济学家约翰·梅纳德·凯恩斯所说：“我毕生唯一的遗憾，是没有享用更多的香槟。”

二次大战时期，英国首相丘吉尔在对德国进行反击时呼吁：“先生们，请记住，我们不是为了法国而战，而是为了香槟！”

“香槟是唯一一种让女人喝下去变得漂亮的酒。”这是法国国王路易十五的女友蓬皮杜夫人曾经留下的一句名言。

香槟让女人更美丽

奔放的香槟曾经点燃了英国人抗战的激情

诱惑浪漫的香槟

品位男人与知性女人都爱香槟

法国香槟地区的好喝的香槟很多，最知名的香槟总是与帝王、贵族、美女相伴。

葡萄酒与食物

在物质不发达的年代，中国可能有很多家庭都会有这样的景象：父亲倒上一小盅酒就着花生米享受晚间的休息时光，好奇的孩子在父亲高兴的时候，尝到了一筷子的白酒，用小手扇着被辣到的小嘴，父亲乐得快快给一个花生放到嘴里。

花生真是太好了。它可以说与任何一种酒都搭配——百搭食品。

中国好像用白酒配所有的菜式，很少会考虑为酒配餐食。

常常听到在宴请时喝了“拉菲”的朋友说不觉得好喝，这很正常啊，葡萄酒与食物就像我们找自己的生活伴侣一样，搭配得不好只能是不和谐。

大家常爱说：白葡萄酒配鱼，红葡萄酒配红肉。这种说法太过简单。我们常说：五味俱全。食物给人的味觉感受常常是酸、甜、咸、苦、辣，葡萄酒基本是甜、酸、苦，它们怎样才能和谐呢？有许多人喜欢用结婚来形容葡萄酒与食物的搭配，而我觉得和谐更妙。婚姻也许会变，和谐可是与时俱进的，是平衡的体现。

清淡闲适的点心搭配白葡萄酒

红葡萄酒与可口腊肉

静静品味清爽的白葡萄酒也是人生乐事

浓郁温厚的菜肴搭配红葡萄酒

白葡萄酒与精美糕点

基本原则：低浓度葡萄酒搭配清淡的食物；

中等深度的葡萄酒搭配一种味道浓些的菜肴；

高深度的葡萄酒搭配味道浓郁的菜肴；

这么说吧，清淡的红葡萄酒可以与清淡的食物配是一种不错的方法；橡木桶陈酿的白葡萄酒可以与红肉配有意想不到的和谐；醇厚的葡萄酒配口味浓重的菜肴（比如波尔多的名庄酒配红烧的各种肉食）相得益彰。记得朋友推荐我用冰爽的甜白酒配辛辣的川菜，尝试后觉得很“爽”。大家应该会有吃火锅时喜欢配冰可乐的经历。也许这就是我，冰过甜白酒配川菜的记忆。

葡萄酒与鱼的搭配方法

如果你选红葡萄酒与鱼配，你就选果味浓的新酒，选用酸度高的白葡萄酒或红葡萄酒；味道清淡的鱼用淡味白葡萄酒或者淡味红葡萄酒。

记得有一次建议朋友喝冰酒时配腌渍的三文鱼，他觉得单喝酒与将腌渍的三文鱼含着所带来的不同感受很奇妙。

带壳的海鲜生食不要创新地用红葡萄酒去配，乖乖地用夏布利葡萄酒配，而且不要用等级高而贵的夏布利，普通的就好。龙虾、鱼子酱就用好的干白、甜白、香槟去配。

舒适的品酒环境很重要

多彩葡萄酒，多彩生活

自己觉得好才是真的好

葡萄酒点缀生活之美

不过好的葡萄酒不要牵强地将它与其他相配，因为很可能使它失去原有的魅力。伊甘庄曾经的庄主亚历山卓认为：伊甘，完美而和谐，任何食物只能是配角。

还是那句话：自己觉得好是最重要的。

葡萄酒与食物搭配非常复杂，跟中国的菜肴搭配就更是不容易，我倒是觉得不要太费神，餐前开胃喝淡酒，如果是隆重，喝名庄顶级好酒，餐在葡萄酒面前永远是配角。即使不配着菜肴，单独喝它应该也不会失望，把顶级好酒变成“止咳药水”真是暴敛殄物啊。

名庄的魅力

罗曼尼·康帝是葡萄酒界尊贵身份的象征

名庄，顶级葡萄酒意味着什么？可能第一个反应是它意味着贵。中国人有句话叫：物以稀为贵。在葡萄酒的世界里，贵有两重意思：价钱贵，因为稀有而贵重，因为它所赋予的文化价值使它昂贵。意大利人曾说：当意大利人已经品尝着葡萄美酒的时候，波尔多还是一片荒野。法国的葡萄酒神话，是文化所缔造出来的。法国葡萄酒当代地位，是它的文化传承所给予的。

我们从拍卖市场看到，著名艺术家的艺术品，它的价值随着时间的推移，价格越来越高，它不断地更迭其主人，但它不会消失。

顶级名庄葡萄酒佳酿呢？比如：罗曼尼·康帝一年大约只有5000—9000瓶，好年份的康帝收藏到了不是升不升值的事，而是你对葡萄酒热爱的注解，是你在葡萄酒界身份与水平的象征。普通的年份你可以成本较低地享受，但你喝一瓶少一瓶；好年份的酒除了享受美酒还更有一重投资及收藏的价值，不再生的资源使它越来越贵。当你不再用金钱来衡量其价值时，拥有这份“taste & enjoy”会给你精神上带来什么样的感受，你要到了这样的境界才能感受。

我们知道，中国从宋开始的几大窑到元、明、清的宫廷瓷器，在世界各大博物馆占据重要的位置。其原因是，它承载着历史及文化的传承。记得中国著名的收藏家王世襄先生，曾将自己收藏的竹刻藏品（上面没有任何名家的题名）借给其他收藏家“玩”三天，这位收藏家不知道该如何“玩三天”？而王世襄先生却可以百“玩”不厌。这也许就是境界的不同吧。

法国波尔多及勃艮地葡萄酒在世界上有着不可动摇地位的重要原因，就像中国宋朝的五大民窑，明、清的皇宫御用瓷，除了是个器物，更重要的是它们的历史及文化；名庄葡萄酒所蕴涵的当然是它的历史及承载着的文化传承，更有无穷的“乐”、“趣”在其中。

如果说一开始葡萄酒是因为它安慰人类的精神及治疗疾病的功效而流行世界，那么，香槟从一开始就是葡萄酒酿酒人为创造奇妙的梦幻而用心酿制的，它如皇冠上的宝石。蓬皮杜夫人、俄国沙皇、拿破仑都是香槟推波助澜者。据说，拿破仑每次发动战役前总是要先喝香槟，在对俄国作战前，因为后方的香槟没有送到，因此输了那场战役。被神化了的香槟是不是很有趣呢！

总是说风土，总是说法国，总是说名庄。没办法，法国的波尔多及勃艮地是全世界葡萄酒文化的亚当与夏娃。美国人用卫星找寻与波尔多相近的土质结构，再种植与波尔多名庄相同的葡萄品种（这有点像这些年在美国上市的中国公司，用一个已经被接受的商业模式确立在这个世界的价值。而且在未来可能遇到问题时，它也比较容易有解决方案）。复制总是相对容易些，也更容易得到认同。当代社会发展创新带来活力，但葡萄酒文化恰因为传承历史而使人充满着文化的不可替代的厚重。

中国瓷器精品与王牌葡萄酒罗曼尼·康帝

沉淀岁月精华的葡萄酒承载着浓重的历史文化

波尔多最古老的葡萄园奥比昂已然传承数百年

别具一格的名庄风土

优秀葡萄酒总是独特风土的产物

波尔多与勃艮地的神话

加隆特河（gaurnne）将波尔多葡萄酒产区分左岸、右岸。左岸的五大酒庄是拉菲庄（Château Lafite-Rothschild）、拉图庄（Château Latour）、玛歌庄（Château Margaux）、奥比昂庄（Château Haut-Brion，这四大酒庄1855年被评为一级酒庄）、木桐庄（Chateau Mouton，1973年被列为一级酒庄）。右岸的三大酒庄是白马（Chateau Cheval Blanc）、柏图斯（Chateau Petrus）、欧颂（Chateau Ausone）。

高质量橡木桶与葡萄酒佳酿更是相得益彰

勃艮地罗曼尼·康帝园以及其他勃艮地酒园。人们常说：罗马不是一天建成的。如果说，勃艮地风土的独一无二造就了黑皮诺并使它无可复制，它是上天给予的天赐之宝。波尔多则谱写了毛泽东所说的人定胜天。16 世纪，来自荷兰的水利工程师为梅多克区完成了水利工程，才有了适合葡萄生长的环境，才诞生了波尔多名庄。

波尔多名庄是最早满足人对葡萄酒不断升华的渴望的智者。他们是可追随的，罗斯查尔德家族不断地在世界的其他地方用卫星找到与拉菲庄相同风土的区域，努力复制；波尔多的葡萄品种好像在其他国家也能较好地生长。从葡萄的品种到酿制的技术土壤都有了，那么，为什么只可以相比呢？因为法国的葡萄酒生态无法复制，波尔多有无法超越的历史传承、规则及弥漫在空气里的葡萄酒因子。

应该说知道波尔多就应该知道“葡萄酒王子”——西格尔公爵（尼古拉），这位载入葡萄酒史册的法国贵族缔造了不可超越的“神话”。拉菲堡的历史可追溯到 1234 年。到了 1718 年西格尔家族已拥有了拉菲堡、拉图堡、木桐堡以及卡龙—西谷堡（Chateau Calon—Segur），尼古拉至此被誉为“葡萄酒王子”。1755 年葡萄酒王子去世，财产被分给四个女儿，从此，这些酒庄多次易手。1853 年，欧洲最强的银行家族罗斯柴尔德家族，首先取得了木桐堡，到了 1868 年又在拍卖会上通过竞标，罗斯柴尔德家族的长房詹姆士男爵得到了拉菲堡。而拉图堡也是经过多次易手，在 1993 年最终回到法国著名的当代艺术收藏家及春天集团主席皮诺手中。

法国著名当代艺术收藏家及春天集团主席皮诺

跟大家说一段有趣的题外话。春天集团是世界第三大奢侈品集团，路易酩悦是世界第一大奢侈品集团（也就是 LV 集团）。在财富值上，LV 集团主席阿诺比皮诺排名更前，但是当代艺术收藏上，皮诺多年排世界第一，而阿诺始终排在其后。

美女相伴的LV集团主席阿诺

这两个人有点像“别苗头”。皮诺率先将佳士得拍卖行收入囊中后，阿诺也将菲利普斯拍卖行收入囊中；皮诺1993年将拉图堡据为己有后，阿诺也紧随其后，在1998年将波尔多右岸的白马庄收入到私人名下。这个故事最有趣的地方是，两个世界超级富豪多年来在艺术领域及葡萄酒庄拥有权的竞争，表现出财富游戏的最高境界不在财富值的增多而在人文领域的可圈可点。而葡萄酒的世界因为他们的加入，使得这些酒庄更具实力，更坚定了波尔多酒庄不急功近利而注重以葡萄酒文化传播为己任。这使葡萄酒文化的传承与时俱进。

我们看到2008年的金融危机全球恐慌的时候，拉菲应声下调，白马的期酒不降反升，一副唯我独尊的骄傲。2009年全球一片好评的葡萄酒年，期酒全线高涨到历史最高点。白马850欧元以远高于其他酒庄的高价位登场并未让全球买家住手，葡萄酒的魅力在其不再生，而法国波尔多更是“硬通币”。葡萄酒迷，为什么爱波尔多呢？

拉菲酒庄华贵典雅

拉菲葡萄园是顶级佳酿梦开始的地方

葡萄酒世界第一村——波亚克村

这个村庄拥有三座一级酒庄，两座二级酒庄，一座四级酒庄，十二座五级酒庄，共计十八座，世界公认的世界第一葡萄酒村。

拉菲酒庄（Chateau Lafite-Rothschild）

拉菲，种植的葡萄面积有100公顷，平均树龄45年，每公顷7500株，每公顷产葡萄酒4800公升。

葡萄品种包括71%的解百纳—苏维浓（Carbenet Sauvignon），20%的梅洛（Merlot），7%的解百纳—弗朗（Cabernet Franc）以及2%的小维铎（Petit Verdot）。

在梅多克最顶级的酒庄中，多数庄园苏维浓比例较高。而拉菲的苏维浓比例稍微低一点。在1994年拉菲采用了100%的苏维浓。

拉菲正牌还有两个有趣的年份是：1985年和1999年。1985年因为哈雷慧星撞击地球，为了纪念这个特殊的年份，拉菲正牌在它酒的瓶身上做了一点特别的设计；1999年在法国可以看到日全食，拉菲为了这个特别的年份，也在它的瓶身上特别做了一个设计。

拉菲城堡昏暗的酒窖里无数美酒在沉睡

拉菲酒庄平均年产正牌拉菲210000瓶。副牌600000—1000000瓶。需要10—50年的熟化时间。酒庄至今还保留采用木造的酒槽酿酒（也用不锈钢酒槽），这种方式通常是一星期的发酵加上两星期的泡皮，酿造方法相当传统，是传统的波尔多酿法。酿造完成后的葡萄酒放入全新的橡木桶，在里卡多·博菲尔设计的圆形地下酒窖内进行 18 个月到 24 个月的陈化。特别精选葡萄酒是拉菲酒庄进入 20 世纪 90 年代之后用来提高品质的主要方法。无论年份好坏，每年仅有三分之一以内的优选葡萄被用来酿制正牌酒，得以被贴上拉菲正牌的商标，其余酿成二军酒“卡律阿德斯”。拉菲从 1874 年就开始生产二军酒，是波尔多最早推出二军酒的酒庄之一。

在波亚克村里，有许多酒庄可以酿出比拉菲·罗斯柴尔德更浓的酒，但是如果要论均衡感与架构的严谨则非拉菲莫属。特别是拉菲如丝般紧密的单宁质感，不仅显出酒的细致风格，也筑起酒中坚固的基石。虽然口感并不特别涩，但耐久的潜力也不输另一家顶级酒庄拉图古堡。

拉菲堡的葡萄酒也是这样的风格：很高雅，很贵族气，即使带着一点温柔也显得严肃谨慎，不带太多感情，总是保留着一点距离；像是抬着头，挺直了背，很难亲近的矜持，严肃高雅的贵族身段。酒需要等到成熟了以后才能感到她的精彩。

拉菲正牌酒标是严谨厚重的最好注脚

1 2

（右 1）拉菲正牌酒折射出严肃高雅的贵族身段

（右 2）拉菲副牌

广袤的100公顷葡萄园主要位于波米亚克村北的台地上，和圣·埃斯台夫村只隔着一条小溪谷（据说，波尔多在山坡上有水的土地所种植的葡萄无与伦比。而拉菲的所在地正是如此），甚至有3公顷拉菲的葡萄园是位于圣·埃斯台夫村里。那边的砾石层非常深，而且颗粒也相当粗大，无疑是全梅多克最好的地段。

拉菲在18世纪，成为法国国王路易十五的御用酒。美国总统托马斯·杰弗逊在任美国驻法国大使期间曾经拜访过拉菲酒庄并成为终生客户。1985年在伦敦的佳士得拍卖会上，一瓶1787年由美国第三任总统托马斯·杰弗逊签名的拉菲葡萄酒被福布斯杂志社的老板以10.5万英镑拍得，这一纪录至今未被打破。

1868年8月8日，当罗斯柴尔德家族长房詹姆士男爵，通过拍卖会竞拍得到拉菲堡后加上了自己家族名称（传说，那只是因为自己的唐兄弟拥有了木桐庄，作为长房的詹姆士男爵不想失面子罢了），从此拉菲酒庄名为拉菲·罗斯柴尔德酒庄，法文：Chateau Lafite Rothschild。

拉菲酒庄与相邻的木桐酒庄（木桐·罗斯柴尔德酒庄，Chateau Mouton Rothschild），同是世界上最有钱、最有权势的罗斯柴尔德家族的产业之一。他们共同使用罗斯柴尔德家族的那"五支箭头"商标。我猜想，那"五支箭头"应该就是家族创始人五个儿子的标志吧。

罗斯柴尔德家族至今仍是欧洲乃至世界久负盛名的金融家族。它发迹于19世纪初，其创始人是梅耶·A.鲍尔（Mayer Amschel Bauer）。他和他的5个儿子即"罗氏五虎"，先后在法兰克福、伦敦、巴黎、维也纳、那不勒斯等欧洲著名城市开设银行。建立了当时世界上最大的金融王国。鼎盛时期，他们翻云覆雨的力量使欧洲的王公贵族也甘拜下风。时至今日，虽然世界主要黄金市场已不由他们控制，但他们的退出，先知先觉的退出，更增加了其神秘色彩。

低调封闭的拉菲堡像是一座与世隔绝的村庄，带着神秘的气氛，庄园外的花圃繁花簇簇，园丁管理着花园为这个城堡在四季增添着点点春色；虽然庄主也接待访客前来参观，但是拉菲堡更像是家老式的贵族阶级产业，而且更像是个古老的封建帝国。

天价酒品 1787 年杰弗逊签名拉菲

美国总统杰斐逊

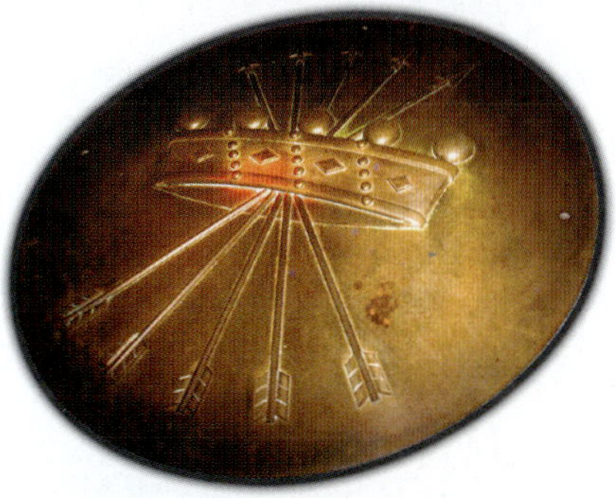

赫赫有名的罗斯柴尔德家族标志

罗斯柴尔德家族标志上的五箭象征罗氏五虎

低调的拉菲堡里神秘的橡木树轮默默记载着逝去的年华

拉菲堡下，尘封的岁月，梦中的佳酿

拉图酒庄（Chateau Latour）

拉图堡像高昂的头颅傲视天下

拉图（Chateau Latour）酒庄

拉图酒庄（Chateau Latour），位于法国梅多克（Médoc）地区，占地面积65公顷。树龄30—40年，每公顷葡萄酿酒不超过5000升。年产正牌175000瓶，副牌140000瓶。需要15—50年的熟化时间。

葡萄品种75%的解百纳—苏维浓（Carbenet Sauvignon），20%的梅洛（Merlot），其余的5%则是解百纳—弗朗（Cabernet Franc）与小维铎（Petit Verdot）。

每公顷植1万株葡萄，可以算是“密集型种植”（柏图斯酒庄每公顷约6500株，拉菲堡为8500株）。

拉图酒庄位于吉隆（Gironde）河口，英国人15世纪为防海盗而建的堡垒。地处战略要冲，从中世纪到英法百年战争时，此地都是军事必争地。到了20世纪60年代，英、法两国的财阀仍争夺的是拉图堡的“主权”。

拉图堡16世纪开垦为葡萄园，1670年法国路易十四的一位私人秘书戴·夏凡尼（De Chavannes）买下了该堡。1677年因婚姻关系，该园移到戴·克劳塞（De Clausel）家族手中。到了1695年，玛丽·特丽丝·克劳塞（Marie Therese De Clausel）嫁给购买拉菲堡的西谷家族杰克公爵之子亚历山大公爵，将拉图堡作为嫁妆，于是拉图堡成为西谷家族的产业。随着西谷家族的中落，“葡萄酒王子”尼古拉逝世后，拉图堡和拉菲堡

绝佳风土中的拉图葡萄园

拉图庄有着波尔多最为出色的风土条件

由大女儿及其儿子亚历山大伯爵继承。后来伯爵再将该园交给三位妻妹，拉图堡正式和拉菲堡分家。此后，该园分由 3 家所有。法国大革命爆发时，拉图堡仍有 1/4 属于西谷家族的卡巴纳伯爵（Cabanar de Segur）。伯爵流亡海外，革命政府便将这 1/4 的产权拍卖了。几经转手，这 1/4 的股份在 1841 年以 150 万法郎落入保望（Beaumont）家族手中，至此，保望家族拥有最大的股权。为避免重蹈西谷家族的覆辙，保家族依法成立了一个法人，使拉图堡不至于因继承而被瓜分，也使得拉图堡 100 多年来一直在三大家族——歌狄龙（Cortivron）、弗尔（Flers）及大股东保望家族的掌管中。

1963 年，保望及歌狄龙将拉图堡 79% 的股份卖给英国的波森与哈维两个集团（Pearson and Harveys of Bristol），金额为 270 万美元。当时，不少法国人视其为卖国行径。26 年后的 1989 年 3 月，已成为哈维集团东主的里昂联合集团（Alliance Lyonnais）以近 2 亿美元的天价把在英国波森集团手中的股份购回。1993 年 6 月，法国百货业巨子春天（Printemps）百货公司的老板皮诺（Francois Pinault）又以较低的 7.2 亿法郎购下拉图堡的主控权。

当 1989 年里昂联合集团购买拉图酒庄时，每公顷单价为 1400 万法郎，换算至每株葡萄树即值 1800 法郎，堪称全球身价最高的酒园。

拉图是梅多克所有葡萄园中最典型的代表。位于浩瀚广阔的吉隆特河岸边。这条全欧洲最宽的海口三角河，随着每日潮汐与河风的吹拂，营造空气的流动，为岸边的葡萄园提供最好的调剂功能，略为朝东的缓坡也有利于排水与日照。但最受瞩目的是葡萄园所在的深厚砾石地，这些第四世纪末期堆积的砾石非常大，几乎没有土，只是偶尔夹杂着河沙，具有贫瘠、保温、反射光线与排水性好等优点。在砾石层地下则是第三世纪沉积成的黏土，黏密不透水，为葡萄树在地下保留水分。这就是拉图的葡萄园，让梅洛与苏维浓在难以生长的情况下长出含有特别多单宁的葡萄来，生产全波尔多最雄壮的红酒（坚实的丹宁，只有时间才能改变它。它是许多法国葡萄酒收藏家及爱酒人士的最爱）。也是最经久耐放的红葡萄酒。

身为全波尔多，或者说全世界最顶尖的红葡萄酒庄之一，从 1999 年开始，拉图将未来交给了一刚满 32 岁的年轻人亚度安（Frederic Ardouin）之手。拉图酒庄展开长达 20 多年的重整计划。兼管葡萄种植与酿造的技术总监亚度安是这个计划的灵魂人物。

新酒窖在 2001 年完工，葡萄直接进入酿酒槽，减少邦浦对葡萄的伤害。酒槽的大小由原来的 2 万升容量改成 1000—18000 升的 9 种尺寸，可以更精确地酿造葡萄酒。橡木桶培养酒窖也全面改建，分成上下两层，不仅全面控温，新酒窖还可以让帮浦的使用减到最低。

比起酒窖的改造，葡萄园的改革需要更长的时间，拉图拥有全梅多克最好的葡萄园，但亚度安（Frederic Ardouin）觉得还不够，他要让葡萄园的种植达到更完美的地步。

拉图正牌葡萄酒

拉图副牌葡萄酒

拉图酒庄称得上是梅多克最令人景仰的酒庄之一。有着一款坚实硬骨、如铁一般固执的单宁；除了时间，没有可以驯服的方法。即使换了无数任的庄主，好年份、坏年份对拉图而言都一直有着拉图的风范，这是一个让人无话可说的酒庄，一切都在酒里了（你常听说某款酒像

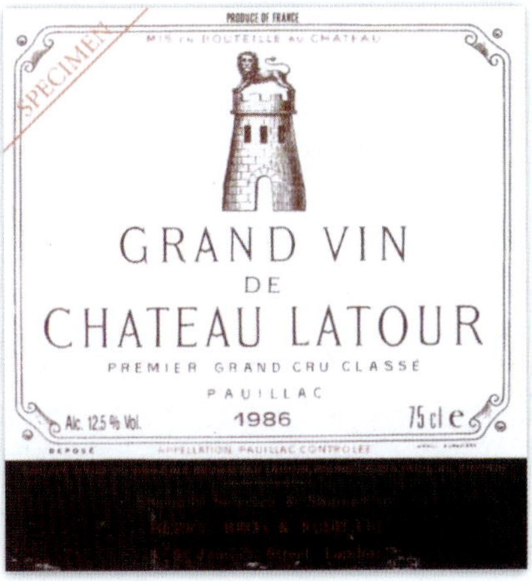

拉图正牌酒标

拉图副牌酒标

具备史诗般底蕴的拉图堡夜幕下更显坚实厚重

“拉菲”、某款酒堪比“玛歌”……)。但拉图不要去比它。它太难接近了，这匹难以驯服的“野马”，只有岁月能让它驯服。英国著名的品酒家休·约翰逊曾形容拉菲堡与拉图堡的个性：若说拉菲堡是男高音，那拉图堡便是男低音；若拉菲堡是一首抒情诗，拉图堡则为一篇史诗；若拉菲堡是一曲婉约的轮旋舞，那拉图堡必是人声鼎沸的游行。许多法国的老酒饕将拉图视为至爱。

木桐酒庄（Chateau Mouton Rothschild）

木桐酒庄（Chateau Mouton Rothschild），位于法国梅多克（Médoc）地区，坐落在 Pauillac 市。目前，共有 75 公顷的葡萄园，种植 77% 的解百纳—苏维浓（Carbenet Sauvignon），10% 的解百纳—弗朗（Cabernet Franc），11% 的梅洛（Merlot），以及 2% 的小维铎（Petit Verdot）。葡萄树的平均树龄 45 年；正牌酒 300000 瓶 / 年，副牌年产量不定，需要陈化 10—50 年。

木桐在 1855 年的分级里名列二级酒庄第一名，经过菲利普男爵多年的努力，木桐在 1973 年成功地破例升为一级酒庄。木桐其实和拉菲同在波亚克村北的砾石台地上，两家酒庄的条件相当类似，木桐在南，砾石层比较浅一点，但已经是梅多克最好的葡萄园之一了。

木桐（Mouton）翻译成中文是“绵羊”，但木桐名字的由来，却和绵羊一点关系也没有。其实是源自“隆起的土坡”（motte）这个字。因为木桐堡位于一片隆起的砾石台地上，而有这样的称呼。虽然如此，木桐的标志——绵羊，好像在它的酒性中有所体现，从表层到深层，它柔韧耐人寻味。而且许多画家为木桐设计的酒标也常常以绵羊为主题。根据酒庄的说法，那是因为绵羊是菲利普男爵的幸运符，所以绵羊成为酒庄的标志。

自1853年起作为罗斯柴尔德家族的产业之一，该庄除了其卓越的葡萄酒品质之外还因以下两点驰名世界：

1. 自1945年起，每年都使用不同的图案作为酒标，而且常常由著名艺术家设计（例如毕加索、马克·夏卡尔等等）。

2. 唯一一家在1855年以后，升级为官方波尔多葡萄酒排名第一等的酒庄。该酒庄在1855年排名时，位于第二等（Deuxième Grand Cru），随后在1973年升入第一等。

木桐酒庄，原名为“Chateau Brane-Mouton”，在1853年被Nathaniel de Rothschild改名为“Chateau Mouton Rothschild”，也是第一个开始完全由酒庄自己装瓶的

拉图古标见证酒庄曲折历史

木桐酒庄远景（Chateau Mouton Rothschild）

木桐堡白色的墙面在绿草映衬下愈发圣洁

古朴的木桐堡焕发着清幽的气息

庄园。

1855年的法国波尔多葡萄酒分级是针对酒类市场作出的分类，但唯一一个拥有高品位，却被排拒于一级酒庄行列之外的就是木桐酒庄。当时酒庄持有者称此为“可怕的不平等”，那坦尼奥男爵不服气之下便写出：“一级我不能是，二级我不愿是，我就是我，木桐。”这极具气概的语言流传百年。木桐的持有者对评级的不公不以为然，坚持着一级酒庄的价位，并坚持不懈地努力进行木桐酒庄从二级升为一级酒庄奋斗。这个被认为不可能的任务，并没有让家族放弃。据说，在波尔多梅多克，酒庄升级的条件中，除了法国官方的繁复的程序以外，还必须有1855年分类中53家酒庄主人的一致认可才行。曾经，在木桐酒庄主人坚持努力下，几乎全部酒庄主人都表示同意，唯一的反对者是他的表哥——拉菲酒庄的主人。事情到了1973年，拉菲酒庄终于同意了。当时的农业部长希拉克确认“木桐”升级为一级酒庄。当时掌管木桐的菲力普男爵，将祖父的话改为：“一级，我是；二级，我曾经是；木桐从未改变。”这份家族的骄傲始终代代相传。

2000年木桐因金羊而美丽

散发醉人芬芳的2000年金羊木桐

3L装2000年金羊木桐是收藏家心中的极品

亲身步入特色建筑，进入宫殿拜访名门贵族，礼仪不由得让你优雅而又有修养。

和相邻的拉菲比起来，木桐如同它的商标既柔韧又有亲和力，酒的风格也有这样的倾向。和木桐一比，由罗斯柴尔德家族长房经营的拉菲葡萄酒，在年轻时显得有点严肃封闭，木桐则带着一些热情，在口感上经常显得丰沛圆熟，也有比较多的熟果与熏烤的香气。

木桐从未改变

但是无论如何，木桐有波亚克村红酒高大魁梧的骨架，配上多肉的质感，解百纳—苏维浓的单宁与其他葡萄和谐地平衡着。木桐的风格不是那么封闭，但是深厚结实的口感与多变的丰富香韵，充满迷人的情致。

木桐最伟大的创举是酒标与艺术的结合。菲利普（Philippe de Rothschild）男爵对艺术的热爱及对自己酒的理解，使木桐有着不可逾越的高傲。每年的标签由一个当时有名的艺术家设计。从 1945 年开始，世界上伟大的艺术家设计的酒标，成了木桐酒庄一个永久和有特性的走向，艺术凝固木桐。即使有一天木桐某一年的酒无一幸免地被

木桐佳酿有着高大的骨架与多肉的质感

木桐酒品口感深厚香韵丰富

木桐正牌酒标

木桐副牌酒标

喝到一瓶不剩，它依然有艺术为它作证。自 1945 年至今，唯一的例外是那瓶直接雕刻镀金在瓶身上的 2000 年份的木桐。

自 1945 年起，除 1953（木桐庄百年纪念，用的是男爵的照片）和 1977 年（伊丽莎白女王的照片）外，每个年份的酒标上都分别印上了不同艺术家的作品。例如 1947 年是让科克托、1958 年是达利、1964 年的亨利·摩尔、1970 年的夏卡尔、1971 年的康定斯基、1973 年毕加索、1975 年安迪沃华等等，全是 20 世纪最知名的艺术家，他们可以得到的是仅仅木桐庄的葡萄酒作为酬劳。

为了庆祝拥有木桐酒庄 100 周年，Nathaniel de Rothschild 男爵的肖像被使用在 1953 年的标签上。另外，在 1977 年，英国女王伊丽莎白二世以及其母亲伊丽莎白王太后（伊丽莎白·鲍斯—莱昂）拜访了木桐酒庄，这次的拜访也被设计在标签上作为纪念。

历史上有两次“在同一个年份中的酒上使用了两个标签”的特殊例外。第一次是在 1978 年，蒙特利尔艺术家 Jean-Paul Riopelle 提出了两个标签，Philippe de Rothschild 男爵因为两个都很喜欢，所以就将生产的酒分成两批分别使用两个标签。

木桐庄实现了酒品与艺术的完美结合

另一次是在 1993 年，波兰裔的法国画家 Balthus 在标签上画了一个性感的裸体少女，因此被美国烟酒枪械爆炸物管理局（BATFE）禁止上市。当时有人建议酒庄主人更换标签，但酒庄主人——Philippine 女爵（Philippe 男爵的女儿）坚持不换，因此，当年在美国上市的年份酒是和其他市场不同的版本，其标签以空白取代原本裸女的位置，但此举反而引起收藏家竞相收购两个不同的版本，使得 1993 年的酒价上升不少。这个换标签的特色导致在拍卖会上，1993 年木桐酒庄的酒比其他四个一级酒庄更为昂贵也更有收藏价值。

1993 年木桐裸女版

1993 年木桐美国空标版

玛歌

玛歌村，位于梅克多区南端，葡萄栽种面积最大。获得等级认定的酒是最多的。一个一级酒庄（玛歌）为首，从二级到五级，总共有多达 21 座的列级酒庄。但是由于它是由五个自然村组成的，所以品质参差不齐，如果仅标识“玛歌村”的葡萄酒，请不要认为跟“玛歌堡”有直接关系。

玛歌酒庄（Chateau Margaux）

玛歌酒庄（Chateau Margaux）位于法国梅多克（Médoc）地区，占地达 200 公顷，78 公顷种植葡萄。该酒庄园位于 Margaux 市，并以该原产地命名玛歌酒庄。葡萄树平均树龄是 35 岁。玛歌酒庄种植的葡萄品种为 75% 的解百纳—苏维侬（Carbenet Sauvignon），其次是 20% 的梅洛（Merlot），剩下的则是弗朗（Cabernet Franc）和小维铎（Petit Verdot）。正牌每年约生产 200000 瓶，副牌 200000 瓶。需要 9—35 年的熟化时间。

玛歌酒（Chateau Margaux）可以这样形容它，如在舌上盖起的神殿，以黑醋栗与紫罗兰等香气诱人。

玛歌酒庄在 12 世纪时就已存在，但一直到 16 世纪时，才随着 Lestonnac

玛歌庄（Chateau Margaux）是波尔多气势最为恢弘的城堡

家族的来到，以及1570年左右Pierre de Lestonnac将一些农田改种葡萄树后，才使它的酒占有一席之地。有一段这样的故事：路易十五在蓬皮杜夫人之后又爱上了巴利夫人（Madame de Barry），这位贵妇将玛歌酒（Chateau Margaux）带进了皇宫，使得玛歌从皇宫走向贵族及富贾。曾经有人问恩格斯：“你觉得幸福是什么？”他回答说：享受1848年份的玛歌酒（Chateau Margaux）。

玛歌庄极具个性的城堡

身为一级酒庄，玛歌酒庄是玛歌村的焦点。那标志性的城堡，从建筑本身展现出玛歌的气质，正好贴切地表现了梅多克葡萄酒的精神。19世纪初新古典主义风格的建筑，四根高耸的爱欧尼亚式列柱、简洁厚重的柱顶盘与三角楣、24阶的石梯与左右对称的两座人面狮身像，非常合比例地搭建起城堡的正面。每当人们品尝顶级的这款梅多克葡萄红酒，都会让你想起由路易·孔布设计的玛歌城堡——口中的酒那么地符合古典比例，协调均衡，有如在舌尖上盖起雅典卫城里的帕特农神殿。

玛歌庄酒窖内景

橡木桶上醒目的玛歌徽标

许多人都形容玛歌古堡红酒拥有全梅多克最优美的女性气质。弥漫着迷人的花香与丝般质感的细腻单宁，如埃及女王克莉奥佩特拉——变化莫测、性感、端庄、城府、优雅的女王。文豪海明威因喜欢玛歌堡葡萄酒，替后来成为女演员的孙女起名：Margaux。玛歌堡女性的千面娇媚，韵味无穷丰富了梅多克葡萄酒。玛歌堡最难得的是将酒中优雅与强劲，细致与浓厚这些看似相反的风格，同时聚于一身，葡萄酒世界里的“变脸”，惊、喜结合在一起，而且非常的耐久。玛歌堡完全是梅多克区的另一类极致，优雅、匀称有教养，满满的贵气，如女皇般高贵。

18 世纪，玛歌庄园包括了 265 公顷的园地，以及一直作为葡萄园的 78 公顷地。如同大多数的梅多克（Médoc）地区的酒庄一样，玛歌也经过了一段非常暗淡的时期。但因为 Berlon 的经营管理，使得玛歌酒庄发生了巨大的变化。Berlon 改革了不少了酿酒方法，像是在清晨采摘葡萄以避免其被露水覆盖，以及确认土质的重要性。到了 19 世纪，玛歌酒庄已经是广为人知的知名酒庄。美国总统托马斯·杰弗逊将其名列于他个人分类收藏中的第一名。而 1855 年由拿破仑所制定的分类也肯定了这点。

从 20 世纪 60 年代到 70 年代，更具体点即是 1978 年前，因为酒庄拥有人的不经心，经营者努力不足，连连出现失败的作品，使其酒庄的酒品质处

品尝玛歌酒正如在舌尖上搭建帕特农神殿

弥漫着醉人花香的玛歌酒泛着紫罗兰的神秘光泽

玛歌庄正牌葡萄酒

玛歌庄副牌葡萄酒

玛歌正牌酒标

玛歌副牌酒标

于低谷期。当时，酒庄的持有人珍纳斯（Ginestet）一直仰赖名声卓越的风土条件来制造葡萄酒，最终生产出许多品质不配称一级酒庄的葡萄酒。1977 年希腊人梅恩杰罗普洛斯（André Mentzelopoulos）接掌酒庄，1978 年就将葡萄酒的（天、地、人）发挥到极致酿出出色的葡萄酒。90 年代初期，玛歌酒庄的部分股份被协商交换给意大利的 Agnelli 家族，但经营权仍然掌握在 André Mentzelopoulos 的女儿 Corinne 手上，直到 2003 年，她又将股份买回，成为玛歌酒庄的唯一股东。并使它保持顶级品质以及女王的骄傲。2003 年玛歌的葡萄酒是值得骄傲的。

格拉芙区

格拉芙（Graves）产区是位于吉伦特河的南岸，与北岸的梅多克区隔河相

奥比昂酒庄（Chateau Hant -Brion）

望，约 60 公里长，产量为 1600 万公升。其中 65% 为红酒，44% 为白酒。该区的列级酒庄是在 1953 年评选出来的。评选方式更多的考虑酒庄的葡萄园、历史、葡萄酒的风格等诸多细节。因为格拉芙产区红、白葡萄酒都有生产，1959 年又区分出红、白葡萄酒。名单上面并没有在列级酒庄之间再分出不同的等级。

1855 年葡萄酒分级时，格拉芙区唯一一家梅克多以外被列入一级酒庄的酒庄是 Chateau Hant–Brion 奥比昂酒庄。

奥比昂酒庄（Chateau Hant–Brion）46 公顷的葡萄园，位于波尔多吉伦特河左岸的 Pessac Leognan 地区。

葡萄园位于城堡周围，这里的土壤遍布大小砾石和卵石，排水性极好。

酒庄种植三种红葡萄品种，解百纳—苏维浓、梅洛、解百纳—弗朗。

酿酒葡萄比例：50% 的解百纳—苏维浓、40% 的梅洛、10% 的解百纳—弗朗。

另外种植两种白葡萄：赛美蓉（Semillon）、长相思（Sauvignon blanc）。

白葡萄酒酿酒比例：63% 的赛美蓉、37% 的长相思，有正牌酒奥比昂和副

奥比昂精品

果味丰满甜美的奥比昂酒

奥比昂正牌酒标

奥比昂副牌酒标

波尔多最古老的奥比昂酒庄底蕴极深

牌酒巴昂斯。

奥比昂是波尔多最古老的酒庄，它始建于1525年，由法国贵族蓬塔（Pontac）家族所有。奥比昂是第一个使用自己酒庄名称而非以散酒形式出售葡萄酒的酒庄。在波尔多，他们是第一个拥有自己"品牌"的葡萄酒。

奥比昂酒庄现在有围墙环绕着，墙外就是波尔多卫星城佩萨克的市区。葡萄园围在两个称为巴昂斯和杜泽斯的平缓园丘上，由一条波尔多往佩萨克的马路隔开，是全佩萨克—雷奥良产区里有最深砾石层的葡萄园。奥比昂和大部分格拉夫酒庄一样，红、白酒都产，但大部分种的是红葡萄品种，白葡萄只有2.7公顷。

奥比昂是全波尔多最早成熟的葡萄园，因为位于市中心，气温比较高，葡萄成熟的速度比乡间葡萄园快，经常在法定采收日之前就破例采摘。除了早熟，也因为梅洛葡萄的含量特别高，让奥比昂的红酒经常比梅多克的一级酒庄来的圆润可口。非常浓郁的酒香里常有成熟的果味与烟熏味，有严密的单宁，但同时又有许多丰满甜美的果味，在五家一级酒庄中通常是成熟得最快，也最早可以品尝的一家。

奥比昂酒庄从诞生之日就伴随着浪漫与美丽的故事。1525年，Libourne市长把女儿嫁给富有的贵族，拿奥比昂酒庄当做嫁妆送给了女儿，没过多久，酒庄就盖起了今天我们看到的奥比昂城堡。时过境迁，经手Pontac和Fumel家族之后，酒庄在1935年转手给了美国金融家Clarence Dillon，他的孙女Joan Dillon嫁给了卢森堡王子，于是酒庄又变成嫁妆随女儿而去。虽然后来她改嫁他人，但与前夫的儿子罗伯特继承了王子的地位，酒庄也保留下来，王子成为酒庄的掌门人。

波尔多最早成名的奥比昂酒庄依然优雅宁静

大大的城堡优雅、安静地屹立在波尔多碧绿的整片酒园之间，用 Jean Philippe 的话说，是城堡里无数个幽灵在默默保佑着酒庄。

奥比昂是全波尔多地区最早成名的顶尖酒庄。17 世纪中，奥比昂也是第一家开始酿造口味比较浓厚，也耐久存的波尔多红酒，在此之前，波尔多出产的葡萄酒全是如玫瑰红般的清淡红酒，很少可以存放超过 1 年以上。1666 年，奥比昂酒庄少庄主在伦敦开了一家酒馆“蓬塔克”，将新口味的奥比昂成功地推介到了伦敦的上流社会，“新波尔多”（New Claret）也开始蔚为风潮，接着才有玛歌、拉图以及拉菲等酒庄的跟进。在 19 世纪之前，奥比昂长达一个多世纪都是全波尔多最著名的酒庄，也是英国贵族及名绅的最爱。

W 圣艾美隆区

圣艾美隆区有 1000 多座中小酒庄。这里有波旁王朝始祖亨利四世喜欢出入的白马酒庄，有以罗马诗人命名的欧颂酒庄。这两座是一级特等酒庄 a 级，另外有一级特等酒庄 b 级 11 座，列级酒庄有 55 座，每一款葡萄酒都很好喝。在多达500座的“特级酒庄”寻找适合自己的葡萄酒就要看自己的淘宝能力了。

白马酒庄（Chateau Cheval Blanc）

白马酒庄位于圣艾美隆产区，占地38公顷。主要种植的葡萄和波尔多其他名园以解百纳—苏维浓为主的情形不同，它种植的是有解百纳—苏维浓“乡下穷亲戚”之称的解百纳—弗朗（58%）、梅洛（42%）。

白马酒庄外景（Chateau Cheval Blanc）

在全新木桶中的醇化期为18—24个月。

白马酒庄葡萄酒色泽相对较淡、早熟、单宁少、果香丰富，每年正牌葡萄酒100000瓶，副牌40000瓶，需要5—30年的熟化时间。

“右岸之王”白马庄

白马酒庄靠近庞马洛产区，所以地理条件与其极为相似。土壤多为碎石、沙石及黏土，下层则是含铁量极高的岩层。与庞马洛产区的波尔多产区的“红酒之王”柏图斯（Petrus）相邻。长久以来，白马酒庄被视为是庞马洛产区的酒。

白马庄外清丽的葡萄园

白马酒庄最大的优点是年轻与年长期都很迷人，年轻时会有一股甜甜吸引人接受的韵味，酒

白马庄里的全新木桶

力很弱。但经过10年后，白马酒庄也可以散发出很强、多层次、既柔软又密的个性。1942年份的白马酒庄曾获得波尔多地区“本世纪最完美作品”的赞誉。

白马庄的红酒果香味强劲，色泽鲜明，味觉香醇，口感圆润，果香持久。美国著名酒评家罗伯特·帕克（Robrt Parker）这样形容白马红葡萄酒：即便是蒙瓶试酒也能很容易分辨出来。单就香味而言，就连以花香闻名的玛哥庄也不及白马酒香强劲。

白马酒庄成园是在19世纪初，以前曾是该地大酒园飞香堡的一部分，在当时属于一个名为杜卡斯（Ducass）的家族（在1989年卖给拉菲酒庄主人之前拥有乐王吉酒庄150年左右的家族）。1852年，杜卡斯的闺女嫁给一个拥有不少园产的福可·路沙（Fourcaud Laussac），便把当时有31公顷的白马庄当做嫁妆带来。1927年，以设立公司的方式，让股权集中，使该园不至于被分割。在1989年以前，董事会由家族的女婿，也就是波尔多大学的校长艾布拉

白马庄外风景迷人

色鲜香醇的 1992 年白马

1996 年白马果香格外浓郁持久

“独角白马”由来已久

（J.Hebrard）负责。艾布拉崇高的学术与社会地位，提高了不少白马酒庄的声势。1989 年艾布拉退休后，园务由 3 位家族女士当权。白马酒庄于 1998 年转手卖给了 LV 集团主席贝尔纳·阿诺（Bermard Amault）和阿尔贝·弗赫（Albert Frere）。此后该园交由皮埃尔·柳顿掌管（一位在波尔多拥有 25 个酒庄的家族）。

1853 年酒庄正式命名为“白马酒庄”。波旁王朝时，国王亨利四世常在此地的“白马驿站”休息而命名。亨利四世以爱骑著称，其徽章即是“独角白马”！

香港《龙凤斗》里面，刘德华和郑秀文到酒铺里偷到了一瓶天价酒。什么酒？是 1961 年的 Cheval Blanc（白马）——来自波尔多圣爱美隆（St–Emilion）产区的一级庄园，与拉菲、柏图斯 Peturs 等并列“八大酒庄”。

记得获得过奥斯卡“最佳改编剧本奖”的电影《杯酒人生》中也出现了同一酒款。电影最后出现了这样的一幕：主人公迈尔斯珍藏的绝佳年份 1961 年的白马，原本打算在结婚十周年时开启。但当一切成为过去，他就在快餐店里偷偷用一次性纸杯把这支顶级佳酿喝进了肚子。

尽管1961年的白马并不如1942年的满分白马经典，但分数丝毫未能动摇它的江湖地位，1961年是波尔多地区20世纪以来最为优秀的一年。因此，1961年的白马被喻为世纪佳作而且极为罕有，就算有的卖也是天价，影片里说它价值6万元。

白马酒庄与欧颂酒庄也是两个列名在圣艾美隆产区超级A等的酒园之一。

白马酒庄与中国人民有着深厚的友谊

欧颂酒庄（Chateau Ausone）

欧颂酒庄地朝东南，所以可以挡掉西北风。

欧颂酒庄的面积仅有7公顷，所以是一个精耕式的园地。坡度甚陡，表层的土壤厚度平均仅30—40厘米，因此树根可轻易穿过土壤，透穿至下层的石灰岩、砾层土与冲积沙中。欧颂酒庄的解百纳—弗朗（50%）与梅洛（50%）各占一半，葡萄树平均年龄为50岁，1989年每公顷产量为4500升，1988年为3700升，1981年则仅有2200升，可见其产量之稀。

白马庄正牌酒品

白马庄副牌酒品

白马庄正牌酒标

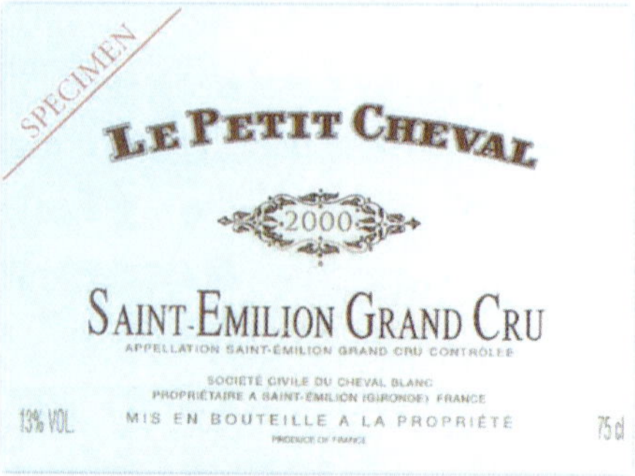

白马庄副牌酒标

酒厂的设备堪称袖珍，年产量只有 2.5 万瓶。

欧颂葡萄会在全新木桶内醇化 16—20 个月。

欧颂酒庄是以诗人欧颂为名，故一直有“诗人之酒”的美誉。但这个诗人并不是一个平易近人的诗人，而是高傲、有浓厚孤芳自赏的气质，可知本酒要等很久的时间才会变得平顺入口。至少在 15 年后，你会对单宁中庸、颜色至美、香气集中又复杂的欧颂酒庄惊叹不已！帕克先生有一句话形容：“如果耐心不是您的美德，那么买一瓶欧颂酒庄就没什么太大的意义！”欧颂酒庄酒成熟后，其高贵的气质卓然出众！

欧颂酒庄早在 18 世纪初就已成园，当时在从事木桶生意的卡特纳（Catenat）家族手中。19 世纪前半叶再传给亲戚拉法革（Lafargue）家族，到 1891 年再由亲戚夏隆家族（Challon）继承，并当做嫁妆进入杜宝（Dubois）家，成为杜宝 · 夏隆（Dubois Challon）家族的产业。之后，杜宝 · 夏隆多了一位女婿伏替（Vauthier），由此为两家族所有，股权各占一半。

欧颂酒庄的最早的一代园主卡特纳时就取了一个响当当的园名——欧颂酒庄，当时约在 1781 年。欧颂（Decimus Magnus Ausonius，310—394 年）是罗马时代生于此地的一位罗马教授、诗人，由于当过“太子太傅”——罗马皇帝当太子时的老师，故官运亨通，官至当地总督及枢密院长老。他以爱酒出名，曾经在波尔多及德国拥有酒园。当然，现在无法证明欧颂老先生就是在欧颂园的现址上种葡萄、喝酒、吟诗的。不过，幸亏欧颂酒庄面积不大，历代庄主还

欧颂酒庄（Chateau Ausone）

欧颂庄酒窖内景

算争气，所以在19世纪中已跻身该地区最好的酒园之中。到了20世纪初，已无疑稳居该地区最好的酒园之位。

在20世纪50—80年代，欧颂酒庄一度表现平平，葡萄挑选随便，醇化用的橡木桶使用新桶的比率也很低，酒体薄弱，香气不足，大家怀疑欧颂酒庄是否已到了该卸下该地区“第一名园”头衔的地步！最主要的原因是园主、总管及酿酒师不是多病，就是到了退休年龄，难免使酒庄暮气沉沉。一直到了1974年，园主杜宝·夏隆去世，遗孀海雅（Helyett）终于放下照顾“病夫”的重担，开始整顿。次年，她就聘用刚读完酿酒学业，年方20岁的德贝克（Pasal Debeck）负责酒庄的酿酒工作。他是一位年轻、并无太多经验的酿酒师，也因此，这个大胆的决定造成了两个所有权人的龃龉，并反目成仇。此情形并不影响日后证明海雅的“识人之明”——德贝克表现极出众，并使酒庄复兴。海雅虽是目前代表伏替家族的两位兄妹亚伦（Alain）和凯瑟琳（Catherine）的姨婆，且大家分住欧颂酒庄的两边厢房，但彼此不交谈，来往只靠挂号信函。几年来，为争取酒庄的经营权，两家对簿公堂，互有输赢。直到1996年1月，法院才确定经营权由伏替兄妹拥有。同时，法院也判定酒庄总值为950万美元。

诗人之酒欧颂佳酿1997

诗人之酒欧颂佳酿2005

输了官司后，78岁的海雅不愿与侄孙辈们共事，便放出让售风声。1993年风风光光买下拉图酒庄的皮诺（Francois Pinault），对垂涎已久的欧颂酒庄，立刻开出1030万美元的价格购买海雅的股份，高过法院定价，也高出当年购买拉图酒庄平均地价一倍有余。同时，皮诺也以同样的价钱要求伏替兄妹让售酒庄另一半股份。伏替兄妹左思右想，而且依法国法律，共有人可以在1个月内拥有承购共同股份的优先权。于是伏替兄妹狠下心来，四处借

欧颂正牌酒标

欧颂副牌酒标

贷，买下海雅姨婆的股份，成为酒庄唯一所有人，皮诺先生染指该酒庄的企图遂成泡影。这些年来，欧颂酒庄由亚伦当家，并自 1995 年起聘请极有名的酿酒大师罗兰（M.Rolland）担任顾问，1995 年份的欧颂酒庄佳酿又获得热烈的掌声了。

在 20 世纪 60—70 年代，欧颂酒庄不能和波尔多 5 个一等顶级酒相提并论，价格大致差了 30%—50%。但到了 80 年代，两者价格已经打平。从 90 年代开始，欧颂酒庄已经超过木桐酒庄等。每年欧颂酒庄仅有 2.5 万瓶的产量，是上述诸名酒的 1/10，将来行情绝对只涨不跌！

W 庞马洛区

庞马洛区葡萄栽种面积只有 700 多公顷，没有分级，大家对庞马洛有个评语：庞马洛有以“柏图斯”为代表的酒评非常好的十多款佳酿。

柏图斯庄园（Chateau Petrus）

波尔多是当今世界上公认的极级红酒区，那些销售不菲，被投资家追捧的名酒大多产自此地。在波尔多最著名的四个优质红酒产区分别是：梅多克（Medoc）、格拉夫（Graves）、圣艾美隆（St.emillon）和庞马洛（Pomeral）。庞马洛虽然没有梅多克那样的光辉历史，但却是波尔多目前最璀璨的明珠。区内酒庄的数目只有不到 200 个，但这里的酒没有便宜货。主要原因当然是其区内的微型气候（Micro Climate）和土壤（Terroir），加上少规模庄园式的精工细致，能酿造出不少稀世之珍。

柏图斯庄园（Chateau Petrus）

在波尔多的四个红酒产区内 Pomerol 是其中最小的一个，总面积只有 740 公顷。这里的酒庄也差不多全是小农作业，面积不到 1 公顷的有很多。但是也许是物以稀为贵，也许是小酒庄可以精工细作，这里出产的酒比波尔多其他地区都要贵。而其中柏图斯（Chateau Petrus）就是领军人物。

柏图斯（Chateau Petrus）面积为 12 公顷，所种的葡萄为梅洛 95%，弗朗 5%。葡萄植株的平均年龄 40 年，年产量为 4500 箱。

柏图斯庄园酒的优质的品质是来源于其对追求酿酒艺术的完美主义态度。它是 The greatest Merlot of the world（世界上最好的梅洛）。柏图斯的土壤表层为黏土，下面是陶土层，更深一层是含铁量很高的石灰土，这一层有着极好的排水性能。柏图斯葡萄园的种植密度相当低，一般只是每公顷 5000—6000 棵。每棵葡萄树的挂果也只限几串葡萄，以确保每粒葡萄汁液的浓度。使用的树龄都在 40—90 年之间，采摘时全部统一在干爽和阳光充足的下午，以确保阳光已将前夜留在葡萄上的露水晒干。如果阳光不够或风不够，他们会用直升机在庄园上把葡萄吹干才摘。摘时他们会用上 200 人同时进行，一次性把葡萄摘完。

完美主义态度造就柏图斯完美品质

酒王之王柏图斯 1921

酒王之王柏图斯 1981

采摘完毕后，每粒葡萄还要经过严格的手工筛选。在酿造的过程中，柏图斯也是与众不同。首先他们全部采用全新的橡木桶。在 1—2 年的木桶陈酿中，他们每三个月就换一次木桶，让酒充分吸收不同橡木的香气。这种不惜成本的做法至今为止还是无人能比。柏图斯的特点是酒色深浓，气味芳香充实，酒体均衡，细致又丰厚，有成熟黑加仑子、洋梨、巧克力、牛奶、松露、皮革及雪茄、多种橡木等香味。其味觉十分宽广，尽显酒中王者个性。

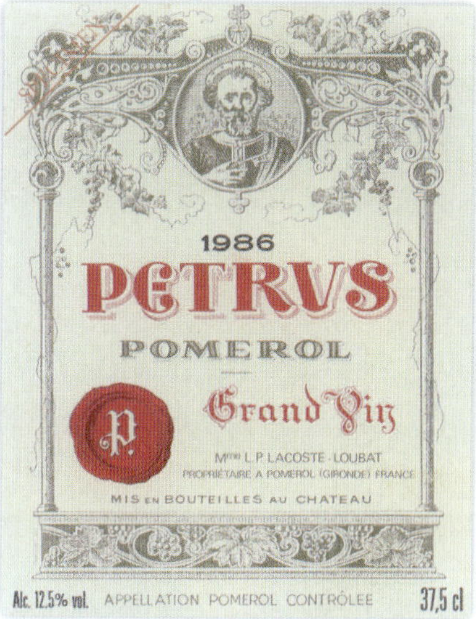

柏图斯正牌酒标

柏图斯目前无论从品质还是价格

都凌驾于其他波尔多酒王而成为名副其实的酒王之王。

酿成以后的柏图斯十分浓和凝缩，特有的泥土味与高级的松露香，口感柔滑，因为葡萄植株生长年限较长（平均 40 年），且葡萄产量受控制的缘故。柏图斯庄园在 1945 年、1947 年、1949 年、1950 年、1953 年、1961 年、1967 年和有争议的 1971 年出产的葡萄酒不同凡响，20 世纪 70 年代的一连串辉煌的成就更成不败的纪录。葡萄藤越老，酿制的葡萄酒越是不朽，但易上头和慢熟。1982 年和 1985 年的甚为辉煌，1986 年也进入适饮期，1989 年的颇为受恭维，1994 年的酒可以说是波尔多右岸地区最好的。

柏图斯的酒质十分稳定，气候较差的年份他们会更仔细地精选酿酒的葡萄，因此会减产。为保金漆招牌，某些不佳的年份甚至停产。例如 1991 年就没有柏图斯。

Petrus 在拉丁文中的意思是"彼得"，它是以耶稣的门徒圣彼得而命名的，大家在 Chateau Petrus 酒标上可以看到手握天堂钥匙的圣彼得。Chateau Petrus 不像 Romanee Conti 酒园的历史那么悠久，甚至到了 1945 年，它还是一个默默无闻的小酒庄。他的成功全要归功于后天的努力。

Chateau Petrus 这个名字出现于 1837 年，那时它在庞马洛地区排在四五名的位置。1893 年，Chateau Petrus 的位置提升到庞马洛的第二位，价格大概在梅多克区二等和三等之间。到了 1925 年，一位饭店的老板娘 Loubet 夫人购买了 Chateau Petrus 以后才从根本上改变了柏图斯的命运，这要归功于她高超的推销手腕。Loubet 夫人拥有该地区两家酒厂和当地一家饭店，是一个知名企业家，弟弟是市长。Loubet 夫人收购酒庄后就开始致力于打响他的知名度。首先是将价格提高，其次她将柏图斯介绍给自己的富豪朋友，从此柏图斯在法国高级社交圈内流行起来了，柏图斯再也不是乡下绅士的代名词，而逐渐成为上流社会的饮品。随后，Loubet 夫人决定进军英国皇

象征高贵地位的柏图斯是上流社会的最爱

室，因为她深知，只有得到英国市场，才能有国际声誉。当伊丽莎白女皇二世订婚的时候，柏图斯成了贵族们的杯中之物，从此成了在英国上流社会的名品。1947 年女皇正式结婚大典时，不仅 Loubet 夫人成为了皇室的贵宾，柏图斯更成为结婚大典用酒，至今成为皇室的御用葡萄酒。Loubet 很善于运用上层社会进行推销。1961 年她去世后，柏图斯分成三份由 Lacoste、Loubet 和 Moeuix 家族所有。而 Moeuix 家族继承了 Loubet 夫人的经营作风，于 20 世纪 60 年代占领美国白宫，受到肯尼迪家族的赞赏。

庞马洛区的另类——里鹏（Le Pin）。法国酒坛半个世纪以来葡萄酒营销制胜的案例。

酒评界大哥大 Robert Parker 曾讲："如果你只是为了好玩，同时想显示一下奢华生活一面的话，相信庞马洛乃至波尔多没有一瓶酒比里鹏更合适了。"法国酒评一号人物 Clive Coates 也认为里鹏是波尔多的明星，但不应是一颗超级巨星。说里鹏是当代波尔多仍是世界葡萄酒业的一个另类，相信没有一个酒评人或葡萄酒行家会有不同意见。

里鹏没有多姿多彩的历史，没有宏伟的庄园城堡和辽阔美丽的庄园。20 世纪 80 年代以前仍是籍籍无名，面积只有 1 公顷的一小块葡萄园而已。当时的园主 Laubie 夫人每年将所产的葡萄酒以散装酒形式出售给酒商。

里鹏庄园位于庞马洛（Pomerol），这个葡萄园不但是在老施丹庄园旁而且离酒王之王——柏图斯不远，土质也与柏图斯十分近似。1979 年经常饮用和购买里鹏散酒的酒商 Thienponts 父子慧眼识珠，看中了里鹏的先天之质。他们仅花了区区 100 万法郎就买下了酒园。

Thienponts 父子收购酒园后效仿柏图斯成功之路（相信里鹏是第一个效仿柏图斯成功之路的波尔多新兴酒庄）。葡萄种植品种 92% 梅乐，8% 解百纳—弗朗。种植密度和数量只有拉菲的一半，每公顷 6000 株葡萄树。每公顷 3400 公升，年产量仅为 500 箱，6000 瓶。窖藏储存在全新橡木桶内 15—18 个月。成熟期 10—30 年视年份而定。

里鹏酒庄效仿柏图斯酿造的方式精工细做，其极端的质量虽然未必得到喜爱名门正派人士的一致认可，但绝对是葡萄酒大千世界里充满神秘色彩的葡萄酒。1994 年 Thienponts 又买下了旁边一小块约 1 公顷的小酒田，成了今天两公顷的里鹏酒庄。既然是效仿柏图斯，当然价钱也不会例外。里鹏一推出，即以庞马洛第二号价位上市，仅次于酒王之王。而且价格上将其他同区名庄远抛脑后，引来一片哗然和挖苦之声。当然也有不少的青睐。然而，德国最权威的葡萄酒杂志《Alles uber wein》报道了一则由 10 位最著名的德国品酒师对由 1979 年至 1990 年和 1992 年的 13 个年份的里鹏和柏图斯的蒙瓶试饮中，居然有 9 个年份里鹏胜出。美国最权威的葡萄酒杂志《Wine Spectator》也经常对里鹏打出高分。20 世纪八九十年代正值亚洲经济的黄金时期，可能是葡萄酒名家们对里鹏的争论喋喋不休，反而引来了远东暴发户对里鹏的关注目光。以里鹏 500—600 箱的年产量，它的价格很快就直追柏图斯，因为量小，里鹏的货源十分难找，葡萄酒收藏家能存有几瓶已是非常少见，酒商拥有一箱里鹏也是很有实力了。习惯于名门正派的人士未必个个喜欢里鹏，但我倒觉得里鹏是葡萄酒大千世界里的奇迹，实力绝对不简单。93'、94' 和 96' 的里鹏，颜色深而亮丽，气味开放，有力，口感果香非常集中，酒体硬朗健美。它的性格高傲而独树一帜。如果你不带成见，或许你不会失望。据说香港富豪黄志祥是除酒庄之外拥有里鹏最多的收藏家。应该说这支酒被刻意炒作令价格飙升。1979 年是里鹏的第一个“年份”，从里鹏的行情价格显示出被投机炒作的成分比较高。当代社会，营销的胜利在里鹏这支酒上充分体现。

其实，这样的故事在右岸或者勃艮地还有不少。

故事还要从波尔多左岸与右岸的区别说起。左岸与右岸不仅在风土、气候等方面差别巨大，就连葡萄园的面积也各具特色——右岸的葡萄园比起左岸的就显得精致很多。在左岸的梅多克产区，上百公顷的葡萄园并不少见，比如一级酒庄拉菲堡就有 100 多公顷。但右岸大多是传统家族经营管理的酒庄，他们的城堡其实都是些农舍，面积极小。但也正因如此，他们的管理成本小，组织力强，个性十足。

19 世纪末，这些面积很小的酒庄由于经营管理费用较高负担不来，只好把葡萄卖给酿酒合作社，由他们来酿酒，否则，只有自己另辟蹊径。因此，不少人选择了地窖或者车库作为酿酒场地。没想到这些红酒却成了市场上的新宠，业界因此称这些酒庄为“车库酒庄”。后来，“车库酒庄”也演变为指葡萄园面积极小的酒庄。2004 年，随着彼得梅尔的普罗旺斯系列大卖，车库酒庄的酒更成为美国富豪们最为推崇的葡萄酒。这些酒庄采用传统的酿制工艺，全部采用手工采摘以保证采集到质量优良的原材料，在橡木桶内发酵，浸皮时间较长，在经过长时间的桶内陈化以后才上市。由于葡萄的质量优良，而且经过长时间的酵化，所以都成为酿制品质较高的葡萄酒。由 Le Pin 酒庄看到，车库酒庄的特点有三：第一，产量都极少，一般不会超过 5000 瓶；第二，价钱都极贵，产量少质量高，价钱自然昂贵；第三，口味一定强调浓郁至极，便于能长年储存。

伊甘酒庄（Chateau d'Yquem）

唯我独尊的伊甘酒是 1855 年波尔多葡萄酒评级时“五大”之外唯一的超级葡萄酒，其贵腐甜酒堪称世界第一。

伊甘酒庄历史悠久，1993 年，酒庄举行了家族 400 年庆典。

伊甘酒庄位于波尔多南部的苏玳区，海拔 75 米的圆丘上的葡萄园，采天地之灵气，得天独厚的条件是它不可超越的重要原因之一。

1593 年 12 月 8 日，Sauvage 家族协议受让了当时属于王室财产的伊甘酒庄。18 世纪末，家族与 Lur Saluces 家族联姻，一直延续至 1999 年。这一年酒

超级酒庄伊甘庄

伊甘庄的贵腐甜酒世界第一

庄被法国精品业龙头 LUMH 集团收购，酒庄总经理 A. de Lur Saluces 伯爵在 2004 年被迫退休。

16 世纪兴建的城堡透着中世纪的风格，像是座防卫型的农庄。自 1785 年起，绿沙律斯（Lur Saluces）家族因为婚姻的关系自索瓦热家族继承了伊甘堡，一路经营到 1999 年，经营酒庄 200 多年；在因产贵腐甜酒而全球知名的苏玳村内，伊甘堡占了村里最好的位置，酒庄所有的 188 公顷土地中，有 110 公顷的葡萄园，几乎全绕在城堡周围的砾石圆丘上。贫瘠的砾石地提供排水不错的生长环境，地底下是黏土层以及含许多石灰的泥灰质土，为葡萄储备水分及养分，有些区域为了提高排水效果，从 19 世纪就陆续埋设了上百公里的排水管线。伊甘堡主要以赛美蓉（Semillon）葡萄为主，另外 1/5 种植白苏维浓（Sauvignon Blanc）。

到了采收季，圆丘之间经常会弥漫着晨间的潮湿雾气，但到了中午后，雾气散去，阳光使葡萄更好地孕育。伊甘堡因为地势高，葡萄园是整个产区最常有雾气盘旋的地方，因此，伊甘的葡萄比其他同区的葡萄品质更高。亚历山卓立下一个规矩，葡萄的甜度必须每升果汁内含有 340 克以上的糖分才能采收，所以每年都得冒着全部葡萄烂光的风险，等待真正浓缩的葡萄。亚历山卓常说："没有失去一切的勇气，将永远无法制胜。"在 20 世纪就有 1910 年、1915 年、1930 年、1951 年、1952 年、1964 年、1972 年、1974 年及 1992 年等 9 个年份一瓶伊甘堡都没有生产的悲剧。在苏玳产区里，只要每升含有 210 克糖分的葡萄才够成熟度，才可以采收酿造，伊甘堡常常是这个数字的两倍。例如 1996 年，每升葡萄汁所含的糖分就高达 450 克！除了要勇于冒险，贵腐葡萄的采收

伊甘庄砾石及泥灰质土样品

必须分多次进行，伊甘堡每年有200多名采收工人，耗时1—3个月才能完成采收；1972年，伊甘堡破纪录地连采了11次。超低产量更是伊甘堡让人叹为观止的地方，全酒庄约70多万棵的葡萄树，在正常的年份只产近10万瓶的伊甘堡贵腐酒。需要7棵葡萄树才能出产1瓶，几乎等于每1棵葡萄树产1杯酒。在波尔多，生产顶级红酒的酒庄，一颗葡萄树产的葡萄就够产1瓶了。

2000年因为采收季末下大雨，伊甘堡只能产3万瓶，需要20多棵树才能产1瓶。伊甘堡并非一成不变，1997年聘任相当年轻的女酒窖总管S. 加贝，也开始采用新式气垫式榨汁机。已经干缩的葡萄很难榨出汁来，需要经过三次的气垫压榨，最后再用传统的垂直式榨汁机榨出最浓的汁液来。葡萄汁经过一夜的沉淀之后放入全新的橡木桶发酵，缓慢地发酵至14%酒精浓度之后，降温至4℃，沉淀除去酵母。来年的7月进行调配与混合数十批的酒依照酒精、酸味与甜度为标准依比例混成该年份的伊甘堡酒。亚历山卓自己也参加调配的工作，但他扮演的角色是剔除所有他认为及不上伊甘堡水准的酒。他可是不计成本，被剔除的酒只能以低廉的价格整桶卖给酒商，因为伊甘堡不产二军酒。混合好的酒要再经过长达三年半的橡木桶培养，每星期添桶一次，并且进行15次的换桶去酒渣，这些过程会让葡萄酒再减少20%。这样不计一切酿成的伊甘堡常常浓得吓人，即使不看标签，一般人都能轻易地认出伊甘堡的浓重质感，这也是苏玳贵腐甜酒的特长，伊甘堡几乎是做到了极致。伊甘的甜味，并不完全靠酸味平衡，而是配合高酒精来表现均衡，显露出来的是豪华丰硕的大尺度风格。也许太强势了，亚历山卓觉得伊甘堡适合单独品尝，而不太容易搭配甜点或是其他的东西。伊甘堡的酒，让人景仰及倾心。

亚历山卓执著的酿酒精神让人万分敬佩。不管他们家族的名字绿沙律斯是

伊甘庄酒窖内景

盛满黄金液体的伊甘橡木桶

否将继续标在伊甘堡的酒标上，但至少在酒迷的心中，因为亚历山卓，伊甘堡的荣耀将一直属于绿沙律斯家族。1999年，由于亚历山卓伯爵与其家族长期不和，导致其兄弟和其他亲戚以1亿英镑左右的价格将伊甘堡的控股卖给路易威登，伊甘堡酒庄的混乱局面随之达到高潮。

法国哲学家米歇尔·塞尔（Michel Serres）是亚历山卓伯爵的众多支持者之一。这位法兰西学院院士写道："伊甘并不仅仅属于吕尔·萨吕斯家族，它还属于法兰西，属于欧洲和整个世界。就像沙特尔大教堂、拉威尔的《波莱罗》舞曲、莫奈的《睡莲》一样，它属于你，也属于我。"革命、世界大战和荒年都没能做到的事，却让资本的力量做成了。阿诺利用了其他股东对伯爵的不满使得亚历山大伯爵没能使伊甘堡继续属于沙律家族。

甜白酒被人们视为法国的一大文明瑰宝。路易威登于1999年获得伊甘酒庄63%的股份。一座珍贵的苏玳葡萄园就此易主，但此举的影响远不止于此。这座生产甜白酒的酒庄经营权，落入奢侈品行业最大的掠食者路易威登（LVMH）董事长贝尔纳·阿尔诺（Bernard Arnault）之手后它的命运会如何呢？

1999年收购结束后，虽然亚历山大伯爵依然管理着酒庄，但是，这种紧张态势从未彻底消弭。此后，路易威登控制的董事会把退休年龄从75岁降低至70岁，对于这位忧悒的贵族来说，这是痛苦的一刻，亚历山卓·德·吕尔·萨吕斯伯爵（Comte Alexandre de Lur Saluces）被迫放弃了对伊甘酒庄（Chateau d Yquem）的控制权。年满70岁高龄的亚历山卓伯爵，不得不退出

镜框中的伊甘，歇息的葡萄园

品质极高又极难把握的贵腐葡萄

伊甘庄如一块瑰宝幻化成心中永久的回味

唯有伊甘甜白酒才是“一瓶一世界”的最好注脚

自己倾注心血的酒庄，此后他作为名誉董事长，保留在伊甘最后的立锥之地。当最后一批盖着吕尔·萨吕斯印记的伊甘酒装桶，就意味着一个朝代的结束。2004年路易威登宣布，伊甘酒庄首席执行官亚历山卓伯爵即将退位，为第一个非家族成员的首席执行官让路。这个以出产贵霉葡萄酿制的甜白酒著称的酒庄被一家公开上市的大公司收购，能否传承它的历史骄傲？利益的驱动下经营的这个酒庄，是否能更好呢？

取代亚历山卓伯爵的并不是一个普通的葡萄酒经营人，而是尊贵的波尔多葡萄酒家族的后裔。勒顿先生经营着葡萄园白马堡（Cheval Blanc），而阿尔诺先生的家族控股公司阿尔诺集团（Groupe Arnault）拥有白马堡一半的股权。

传说，路易威登董事长阿尔诺先生打电话给勒顿先生，提议他接管伊甘。那时，勒顿先生正在巴黎克里斯汀·迪奥（Christian Dior）的办公室出席白马堡的董事会议。勒顿先生的答复是：“没人会拒绝这样的提议。”他现在的挑战是，要同时经营法国两大最优秀、最不一样的葡萄酒企业。

伊甘酒是白葡萄酒中的极品，是法国吉隆特省唯一被列入“极品至尊（Superior First Growth）”类别的葡萄酒。至少从理论上说，这一至高荣誉使伊甘酒较五大红酒品牌高出一个等级。这五大红酒是：拉图（Latour）、拉菲（Lafite）、玛歌（Margaux）、奥比安（Haut Brion）和木桐·罗斯查尔德（Mouton Rothschild），它们都只是一级葡萄酒。

作为路易威登优质葡萄酒业的宝石，伊甘酒曾被一位酒类学家描述为“能用葡萄制成的最佳葡萄酒”。在巴黎举行的国宴上，法国总统雅克·希拉克（Jacques Chirac）用来招待英国女王伊丽莎白二世的是1990年的伊甘酒。路易威登引以为豪的葡萄酒品牌还有库克（Krug）和香槟王（Dom Perignon）等。

“极品至尊”伊甘期待永续辉煌

在伊甘酒庄的就职午宴上，勒顿先生表示，他想尽可能不带偏见：“如果我说，我准备改善伊甘酒庄，那就太狂妄了。但伊甘是全球最好的葡萄酒，这个事实可能也正是它最大的弱点。人总是能把事情做得更好。”

他严肃地指出，首先，伊甘酒庄的经营成本与白马堡的不一致。

他的第一项变动就是，销售一种甜葡萄酒。勒顿先生声称，这会有助于改进旗舰品牌的质量，因为推销一种次一级葡萄酒的商业压力会比较轻。曾几何时，亚历山卓伯爵为了保持水准，在他 36 年的掌门时期，固执的三次拒绝生产第二种伊甘葡萄酒，并为此付出了很大的经济代价。

“这种甜葡萄酒不会达到伊甘酒的卓越品质，但将从相同的产地、技艺与技术上受益，”勒顿先生说道，他热衷于把伊甘酒庄打入更广阔的市场。

另一个变化将是，不再延续伊甘葡萄酒从装桶后再起售的时间（由于贵腐葡萄发酵温度低时间长，伊甘酒庄的酒要 6 年后才上市，例如，伊甘 2001 年底推出的是 1996 年的酒。）。他决定，当伊甘新酒还在桶里，就会作为期酒出售，比其他所有波尔多葡萄酒只晚几个星期，而不是等酒在橡木桶放满 3 年后再卖，这种做法在伊甘酒的历史上还是第一次。

“在葡萄酒期酒销售时，每个人都会谈论它，80% 的交易都在那时做成。如果三年后再推出你的葡萄酒，不管它有多好，也不会引人注意。”勒顿先生说道。对阿尔诺先生来说，尽管不是单从财务方面来考虑，伊甘酒庄还是存在很大的风险。每年售出的 10 万瓶伊甘酒，只能通过批发商给他带来不超过 1200 万欧元的销售收入，这与路易威登每年 120 亿欧元的销售额相比微不足道。但伊甘酒的名声若有任何下滑，就会引发人们震耳欲聋

百年珍藏世纪佳酿

的抱怨之声。

改变伊甘将充满风险，但勒顿先生无所畏惧。“毫无疑问，不会做任何有损伊甘形象的事。但是，如果有一天，伊甘除了一个象征外一无所有，那也不对。”

这座声誉卓著的葡萄园从 16 世纪末开始就为他的家族所有。从 1593 年就开始照料这个酒庄的吕尔·萨吕斯家族更诚心诚意地珍惜这份产业。

伊甘酒庄在历史上有两笔著名的交易：熟知法国酒的美国第三任总统杰弗逊的大宗订购，以及沙皇兄弟对伊甘酒庄 1847 年酒的天价订购。皮埃尔·勒顿（Pierre Lurton）的到来最终结束了一场竞争激烈的收购战，也终结了伊甘酒庄多年来的混乱局面。尽管他讨厌媒体，但还是曾发起一场巧妙的反收购战役。

亚历山卓伯爵作为最后一代在伊甘堡的绿沙律斯子孙，从 1968 年接手以来，一直维持伊甘堡在全球贵腐甜酒界无人可及的崇高地位；让出所有权只是家族内斗的不幸结果，完全无关酿酒成绩。在他的手中，我们至少可以相信未来还有更多精彩的伊甘堡等着我们以及我们的后代子孙们。一瓶上好年份的伊甘堡可以是百年珍藏的世纪佳酿，许多人在采买新年份的伊甘堡时，心里想着的，常常是还未出世的孙儿，因为，只有他们才能有幸享有那全然成熟甜美的黄金酒液。伊甘贵腐甜酒耐久藏，历经百年而更甜美。伊甘甜酒价格昂贵，经常超过波尔多“五大”，其拍卖价更是惊人。2010 春拍，佳士得跨越三个世纪的滴金（伊甘）庄组合共 168 瓶，拍出了 804 万港币的高价。

W 勃艮地

勃艮地地区位于法国东北部，是法国古老的葡萄酒产区。勃艮地葡萄产区绵延 250 公里，涵盖三个县，包括夏布利（Chablis）的 Yonne 县，夜丘（Cote de Nuits）和布蒙之谷（Cote de beaune）的金丘（Cote d ’ or），莎隆（CoteChalonnaise）和马贡（Maconnaise）的 Saone–et–Loire。葡萄种植面积达 22000 公顷。勃艮地的法定产区餐酒只使用少数几种葡萄品种：用霞多丽和阿力高特酿制白葡萄酒，用黑皮诺酿制红葡萄酒，某些马贡红酒、薄若莱则使用佳美。

天下第一葡萄酒园罗曼尼 · 康帝（Domaine de la Romanee Conti）

罗曼尼 · 康帝拥有 26 公顷葡萄园，总共有 7 个葡萄园。其中包括独立的酒园康帝园（Romanee Conti）和塔希（La Tache）、李其堡（Richebourg）、罗曼尼（La Romanee）、圣维望之罗曼尼（Romanee–Saint–Vivant），另外还有依瑟索（Echezeaux）、梦拉谢（Le Montrachet）。梦拉谢是无可匹敌的白葡萄酒，一支梦拉谢需要付出比罗曼尼 · 康帝更高的代价。7 支罗曼尼 · 康帝酒庄（Domaine de la Romanée–Conti）1978 年份梦拉榭酒。2001 年苏富比纽约拍卖行售出，售价 16.75 万美元，即每支 2.3929 万美元。

罗曼尼 · 康帝葡萄园

沃恩 · 罗曼尼酒村共有大小酒庄 16 座，其中最受瞩目的就是康帝酒庄了。罗曼尼 · 康帝是康帝酒园中最小，罗曼尼 · 康帝酒庄的葡萄园总

谪仙留给世人的礼物——康帝极品

面积只有1.8公顷，还不到巴黎协和广场的一半。全部种植着世界上最名贵、最难栽培的黑皮诺葡萄，平均树龄已近50年。葡萄的收获量极低，每公顷平均种植一万株葡萄树，每公顷年产量2500升，平均每三株葡萄树才能酿出一瓶罗曼尼·康帝顶级酒。年产500箱，共6000瓶。

直到目前，罗曼尼·康帝依然沿袭18世纪的耕作方法和酿造工艺，比如犁耕、有机堆肥、人工踩皮榨汁等。罗曼尼·康帝具有十分变化莫测的香气，关于它的味道，首席酿酒师奥贝尔·维兰曾形容它：带有即将凋谢的玫瑰花香味，使人流连忘返，仿佛是谪仙飞往天际时“遗留于人间的东西”。如此甘美浓郁的酒甚至使你只要想起来就觉得齿颊回荡着芳香。

罗曼尼·康帝的售价年年飙升，并极有收藏价值。酒庄采用了一种搭班销售的方法，有资格买期酒的酒商，要买五瓶罗曼尼·康帝酒庄出品的任何其他的酒，才能够买一瓶罗曼尼·康帝红酒。因此，罗曼尼·康帝常常在大型的葡萄酒拍卖会上才见到它的踪影，一般的零售店里少见其踪迹，在香港的一些零售店会有一两瓶做镇店之宝。

品酒家罗伯特·帕克说：罗曼尼·康帝是只有亿万富翁才能喝到的酒，一杯罗曼尼·康帝在手，轻品一口，无论从哪个方面讲，都会感觉自己像帝王一样。

罗曼尼·康帝是最精华的葡萄园，可以算是当今世上最古老的葡萄园之一，公元12世纪就广为人知，归当地维吉家族所有。1232年，维吉家族将其中一块地捐献给附近的教会，其中就包括了这座酒庄。此后400年间，罗曼尼·康帝酒庄一直为天主教的产业，所产的酒均未外流。

1631年，教会为响应狂热基督教人士发动的另一次十字军东征巴勒斯坦的活动，将此酒园卖给了克伦堡家族，以筹措军费。不过，这桩买卖却未能实现，克伦堡家族只收购了附近其他几个也称为“罗曼尼”的酒庄。“罗曼尼”的本意为“罗马人”，但这些酒庄却与罗马人一点关系都没有。当然，也有不少人推测“罗曼尼”的由来是为了纪念罗马人在罗马帝国时期将酿酒艺术传至当时还称为“高卢”的蛮荒之地的法国，寓有饮水思源之意。

克伦堡家族经营罗曼尼·康帝酒庄有将近200年的历史，1760年克伦堡家族出售此园。此时的罗曼尼·康帝酒庄已经成为整个勃艮地地区最著名的酒庄，当然也是最昂贵的葡萄园。想要染指此园的人当然不会少，但当时最有名的两位人物法国国王路易十五的情妇蓬巴杜夫人（其时24岁）和她的亲戚——同属波旁王朝支系、具有亲王身份与公爵头衔的康帝都有收购的意愿，那些毫无背景的人也就不做他想了。

蓬巴杜夫人艺术鉴赏品味极高，还是法国贵妇的时尚流行创造者，高跟鞋就是因她开始，她是当时法国时尚的风向标。同时在政治及敛财方面的手腕也堪称一流，当时的她可以说是权倾一时。而康帝公爵不仅是著名的艺术品收藏家、美食家，更难得的是他思想极为开通，这在当时的皇族中尤为少见。蓬巴杜夫人对这位同法国国王相当友好的康帝公爵并无好感，所以，收购罗曼

蓬皮杜夫人风姿卓越

罗曼尼·康帝历史上的标志性人物康帝公爵

尼·康帝酒庄成了两人之间权利与实力的竞争。最终还是罗曼尼·康帝公爵购得罗曼尼。蓬巴杜夫人一气之下不再以红酒为伴而捧起了香槟杯，并使唐·培里侬香槟在法国宫廷流行。康帝公爵立马将酒园命名为康帝酒庄，同时他也成为酒园所在地“努坡”的领主，对于领土内的葡萄园酒质如数家珍。

后来，罗曼尼·康帝酒庄由欧瓦家族于 1869 年出卖给当时一位成功的酒商杜渥·布罗杰，他在全法拥有的一流酒园面积超过 130 公顷。杜渥·布罗杰家族自此再未转卖，以后虽因继承的缘故多次分割，但最终还是合并在一起。不过 1942 年 7 月，雷洛家族购进一半产权，由两家族共同经营，并在 1974 年成立董事会统筹酒园的运作与行销，从而使罗曼尼·康帝酒庄逃过了被分割的命运。

几百年过去了，如今罗曼尼·康帝酒庄仍保留着手工业操作，罗曼尼·康帝酒园里的人们对葡萄酒业所倾注的这种甚至有些执拗的人文传统，都毫无疑问的融入了那些泛着红色光泽的美酒中。以至于英国文学家王尔德在他的传世名作《我的死去了的回忆》中这样描述：“那是我迄今唯一能想得出来的让我一辈子安宁的地方，唯美的境界里有着我生命的唯美归宿。”只有大自然的洗礼才是对葡萄树最好的呵护。

红酒酿造者们都信奉：好葡萄酒是种出来的。也就是说，红酒好坏的先决条件是产地，没有合适的环境和得天独厚的自然条件，名贵的葡萄品种就难以生存；没有品质优异的酿葡萄酒原料，酿造顶级的红酒也就无从谈起。

酿酒师奥贝尔·维兰对罗曼尼·康帝庄园的管理及其严格，因为土壤对葡萄的生长是十分重要的。科多尔省多为山地，很多葡萄园均在山坡上，罗曼尼·康帝酒园也是如此，一旦遭遇连绵的阴雨天气，葡萄园中的土壤很容易被冲到坡下面去，而造成土壤的流失。因此，一旦经过连绵的雨季后，罗曼尼·康帝酒园的工人们经常拿着铁锹和铁桶，把冲走的土壤搬回到园中，甚至从附近拉·塔希庄园中借土。

此外，罗曼尼·康帝庄园葡萄的栽种护理方面完全采用手工作业，不使用任何化学杀虫剂。每年在葡萄成熟的季节，罗曼尼·康帝庄园就禁止任何参观访问活动，谢绝闲杂人等入园。葡萄成熟时，熟练的葡萄工人小心地将完全成熟葡萄串采下，立即送到酿酒房，然后经过严格的人工筛选，才能够酿酒。

罗曼尼·康帝酒在酿造的时候不用现在广泛使用的恒温不锈钢发酵罐，而是在开盖的木桶中发酵，发酵过程中，每天将表层的葡萄用气压的机器压酒液，以释放更多的成分。所有葡萄酒都要在全新的橡木桶中陈酿，罗曼尼·康帝庄园有自己的制桶厂，他们将采购来的橡木板，风干 3 年后再经过特殊的低温烘烤后才进行制桶。

1866 年时，法国爆发了根瘤蚜虫病，很多庄园受到影响甚至数年颗粒无收。罗曼尼·康帝庄园不惜血本，第一次使用了化学原料取代可能传染蚜虫病的天然堆肥，利用本园苗圃的苗木进行压条繁殖，才躲过此劫。可见庄园对葡萄看护的精心程度。

第二次世界大战给罗曼尼·康帝庄园带来了有史以来最大的损失，到了 1945 年，园主已经没有足够的资金对罗曼尼·康帝庄园进行投资。由于大量的青壮劳动力死于战争，劳动力也极为缺乏。1945 年的春季，严重的冰雹灾害伤到了罗曼尼·康帝大部分的老植株。到了 1946 年，罗曼尼·康帝庄园只生产了 600 瓶酒。1946 年，罗曼尼·康帝庄园不得已将老植株铲除，并从塔希（La Tache）庄园引进植株种植，因此，1946—1951 年间罗曼尼·康帝庄园没有出过一瓶酒。

其他名庄

勃艮地大街园（La Grande Rue）年产 5500 瓶。该园突显富贵大气、丰厚优雅的特质。单宁紧密、结构层叠、质感细腻、回味悠长。

伏旧园（Clos de Vougeot）

伏旧园位于法国勃艮地地区，面积 50.6 公顷。特色品评：口味醇厚，回味力强，具有春天的气息。年产约 18 万瓶到 20 万瓶之间。其中最受瞩目的是雷洛园及卡木塞园。

拉鲁女士专营雷洛高社酒园，价格高昂（有时高过一般伏旧园 5 倍）；另一个是美欧·卡木塞园（Meo Camuzet）。年产约 12000 瓶左右。卡木塞代表正宗的伏旧园酒，口味十分醇厚，有玫瑰、紫罗兰、松露等香味，回味力强，仿佛可以闻到春天的气息一般。

木西尼（Musigny）

木西尼（Musigny）面积 10.86 公顷，年产量 40000 瓶，其中 15000 瓶产自卧驹公爵园。木西尼园从西到东被一条小径分成两部分，因此便有大木西尼（Grand Musigny）与小木西尼（Petit Musigny）之分。木西尼卧驹公爵园除了生产红酒外，也是本区唯一生产白酒的。白木西尼（Musigny B1anc），每年只酿造不超过 2000 瓶（160 箱），所酿的白木西尼是真正内行人所搜集的对象，不但耐存，而且味道虽包含着杏仁与紫罗兰味，但劲力隐约若现，其价格要比其“红酒兄弟”贵上一倍。

木西尼（爱侣园，Les Amoureuses）

爱侣园仅仅 5.2 公顷，却分成 10 个左右的小园区，其中最有名的有 3 家。第一家是木西尼园主角卧驹公爵园，年产约 2500 瓶。第二家则是卢米园（Domaine Georges Roumier），年产量不过 2000 瓶。第三家著名的酒园是木尼艾酒园（Domaine Jacques Fréderic Mugnier），年产量也只有 2000 瓶上下。爱侣园酒如其名，具有清澄的红宝石颜色，非常突出的紫罗兰、樱桃及草莓味，感觉起来十分纤细，似吹弹即破。

柏内·玛尔（Bonnes Mares）

柏内·玛尔位于法国勃艮地产区，面积 15.5 公顷。年产量 55000 瓶，其中 6000 瓶产自杜亨·拉厚泽园，5500 瓶产自卢米园酒。柏内·玛尔（Bonnes Mares）和北边的莫内酒较相似——丹宁重、口感强劲。简而言之，比较豪迈而较含蓄的酒质，必须陈上 10 年以后才会成熟，在年轻时并不适合饮用。

圣丹尼园（Clos Saint—DeniS）

圣丹尼园位于法国勃艮地地区，面积 6.6 公顷。年产量 25000 瓶，其中 6000 瓶分别产自杜沙克园及利尼艾园。入口会有一股梅子、草莓、淡淡橡木桶及巧克力的香气。

大德园（Clos de Tart）

大德园位于勃艮地地区，面积 7.5 公顷。全年可酿造 26500 瓶。酒有红宝石光泽，夹杂着紫罗兰、草莓的气味，含蓄而温醇。

德 · 拉 · 荷西园（Clos de La Roche）

德 · 拉 · 荷西园位于勃艮地地区，面积 16.9 公顷。年产 58000—76000 瓶，其中 7500 瓶产自彭寿园。酒有极漂亮的红宝石色，集中强劲、饱满的果香，口味较重。

香柏坛（Chambertin Clos de Beze）

香柏坛位于勃艮地地区，面积 15 公顷。年产量 63000 瓶，其中 6000 瓶产自卢梭园，酒口感特殊，有个性，呈深宝石色。

格若特 · 香柏坛（Griotte Chambertin）

格若特 · 香柏坛位于法国勃艮地地区，面积 2.7 公顷。年产量 9000 瓶，其中 2500 瓶产自彭寿园。入口后有一股微微的苦酸、苦涩味，引人津涎的回味十分优雅、柔细。

寇东 · 费复雷寇东园（Clos des Corlons Faiveley）

寇东 · 费复雷寇东园位于勃艮地地区，面积 3 公顷。年产量 12000 瓶，酒味圆满、醇和，有无法抵御的香气。

W 波尔多其他名庄

拉斐尔酒庄位于法国波尔多庞马洛区，葡萄树种植面积 4 公顷（大约 10 英亩），平均年产量 1000 箱。拉斐尔酒庄成名于它非常优雅的芳香、浓重的颜色、集中却又丰富的口味以及绵长的余韵。它的酒可以醇厚、集中、浓郁，可以放上 30 年甚至更久。

老色丹堡（Vieux Château Certan）

老色丹堡位于庞马洛（Pomerol）葡萄园，面积 13.5 公顷，平均年产量 4000—5000 箱。老色丹堡葡萄酒需要贮存于地窖若干年后，才能将它突显的复杂多样的个性结合为浑然一体。

德麦 · 色丹堡（Chateau Certan de May）

德麦 · 色丹堡位于法国波尔多地区、庞马洛区，面积 5 公顷，年产量 25000 瓶。德麦酒的色泽呈黑紫色，味道集中且木头香气十足，使人更容易回想起彼德绿堡的滋味。不过，年轻的德麦酒会有沉闷感，应该放上至少 7—10 年才适合开瓶，开瓶后魅力展现无遗。

拉康斯雍酒庄（Château La Conseillante）

拉康斯雍酒庄位于法国庞马洛区，葡萄树种植面积 12 公顷，平均年产量 5000—6000 箱，取决于年份。葡萄酒柔软顺滑、综合了梅洛风情的阴柔和卡本内 · 弗朗典雅的精致，而且富有悠长的果香芬芳。

乐王吉堡（Chatteau L'Evangile）

乐王吉堡位于法国庞马洛区，面积 14 公顷，年产量 48000 瓶。乐王吉堡酒色深红，但具有极优雅的特质，颇类似康色扬堡或老色丹堡，成熟期至少 6 年。

克里耐堡（Chateau Clinet）

克里耐堡位于法国波尔多地区、庞马洛区；面积 10 公顷，年产量 36000 瓶。酒的颜色呈深紫色，并有一股黑莓、巧克力及淡淡的花香味，味道十分集中、有力及深沉。就一般而言，最好要等上 6 年以上时间才会显露出其魅力。本酒相当饱满，充满果香、橡木桶的香气以及中庸但不失劲头的丹宁，是一支扎扎实实、可以陈上 10 年又不虞变质的美酒！

皮琼 · 龙戈维 · 男爵堡（Chateau Pichon–Longueville Baron）

皮琼 · 龙戈维 · 男爵堡位于法国波尔多地区、梅多克（波仪亚克）区，面积 32 公顷，年产量 170000—240000 瓶。

皮琼 · 龙戈维 · 拉兰伯爵夫人庄园（Chateau Pichon Longueville Comtesse de Lolande）

皮琼 · 龙戈维 · 拉兰伯爵夫人庄园位于法国波尔多梅多克波仪亚克区，面积 75.5 公顷，年产量 240000—300000 瓶。酒有丰富的果味，气味集中，单宁适中。

帕玛庄园（Chateau Palmer）

帕玛庄园位于法国波尔多梅多克区，面积 44 公顷。帕玛园有庞马洛区所产红酒的那种浓郁的果香味——因为其使用很高比例的梅洛葡萄；也有玛尔戈区

皮琼·龙戈维·男爵堡

红酒的复杂、隽永。年产量220000瓶。

孟特罗斯庄园（Chateau Montrose）

孟特罗斯庄园位于波尔多梅多克区，面积68公顷，年产量360000瓶。酒色暗红，酒性内敛，深沉复杂，单宁深厚。

飞爵（Château de Figeac）

飞爵酒庄位于波尔多的圣·艾米隆（St.Emilion）产区的西北边境。等级是圣艾米隆特级B等，面积40公顷，种植35%的解百纳—弗朗（Cabernet Franc）和35%解百纳—苏维浓（Cabernet Sauvignon），而梅洛（Merlot）却只占30%。100%全新的橡木桶来培养，每三个月换桶一次，一般18个月的培养后即可装瓶。成熟的飞爵葡萄酒带有红果的香味，酒体均匀，口感优雅多变，散发出迷人的酒香。大部分的飞爵葡萄酒需要陈酿8—10年的时间才能达到完美的口味。

帕玛庄园（Chateau Palmer）

飞爵酒庄（Château de Figeac）

古朴别致的木桶与红艳精巧的木椅

杜克（La Turque）

杜克位于法国隆河谷地。面积 1 公顷。酒有熟透的梅子、咖啡、巧克力和橡木的香气，单宁中庸，年产量 8000 瓶。

贺米达治的“小教堂”（Hermitage “La Chapelle”）

贺米达治的“小教堂”位于法国隆河谷地，酒园面积 18 公顷。新酿酒劲丰满，阳刚味十足，陈年酒柔中带刚。年产量 100000 瓶。

飞爵庄内供奉的砾石显出庄园对风土的敬重

了解法国葡萄酒好像玩一个游戏，我就像打怪兽一样地练级，一级级地升。了解名庄像不断地升级，了解葡萄酒，喜欢葡萄酒感受葡萄酒枯燥不再会走近你。

飞爵 2000 富含红果清香　　飞爵正牌　　飞爵副牌

"香巴尼"的传奇

波尔多、勃艮地的争夺之战，好像没有在"香槟"这个奇妙的葡萄酒上发生过。现在，最著名的香槟大多在如 LV 这样的集团。

酩悦旗下闪烁的"星星"

酩悦，这个最强势的洋酒集团拥有最好的香槟品牌。

1446 年，让 · 莫埃和尼古拉 · 莫埃兄弟被法国国王封为贵族。1743 年创办了自己的酒厂。

莫埃家族的香槟酒生意是在克洛德的孙子让—雷米 · 莫埃手里红火起来的。让—雷米与拿破仑私交甚好，他们的友谊一直保持到拿破仑被放逐。拿破仑爱喝香槟，他曾说："战胜时要喝它，战败时也要喝它！"他转战南北，路过莫埃家总要接受款待并采购香槟。借助与拿破仑的私人友谊，莫埃酒厂的名声越来越大，并有了“皇室香槟”的称号，其产品标识上甚至有一个皇冠。

法国大革命时期，唐·佩里侬修士所在的欧维莱尔修道院与葡萄园被充公。有生意眼光的让－雷米买下修道院，在此开辟了香槟博物馆，并树起唐·佩里侬修士手持酒瓶的铜像，从而使公众认为莫埃酒庄出品的是最正宗的香槟。

让·雷米晚年时，把莫埃酒厂的经营交给了他的儿子维克托与女婿皮埃尔－加布里埃尔·昌东。1832 年，莫埃酒庄改名为 Moet & Chandon（后译酩悦），即俩人姓氏的合写，并沿用至今。到 19 世纪中期，酩悦已经成为欧洲最有名的香槟酒厂，顾客名单包括欧洲各国的王公贵族。

唐·佩里侬香槟王

经过多年发展，酩悦成为法国香槟区内最大的单一葡萄种植商，拥有的葡萄园占地 800 公顷，等于全香槟区 1/4 的面积。当地出产全部 17 种上等葡萄中的 13 种，这使酩悦酒厂得以从最多最好的收成中选取葡萄进行酿制。酩悦的香槟酒厂规模也是当地最大的，其酒窖全长近 30 公里，列全法国之最。

法国唐·侬香槟王（Dom Perignon）——香槟之祖

香槟从唐·佩里侬开始步入了一个全新的领域。从蓬皮杜夫人弃罗曼尼·康帝投入香槟怀抱，到梦露对这款酒的倾慕，都让经典的唐·佩里侬香槟王平添一份性感。

在电影《七年之痒》中，玛丽莲·梦露扮演的那个女孩为自己的 22 岁生日买了一瓶香槟，但却不会开软木塞，所以才有了带到楼下和那个中年男人一起分享，故事从这里开始。而在现实生活中，梦露不止在生日才喝香槟，大家这样形容她的性感：每天睡觉时“穿”Chanel No.5 香水；睡觉前，喝一杯 Dom Perignon 香槟。

酩悦香槟（Moet & Chandon Brut Impérial Champagne）

拿破仑、亚历山大一世、俄罗斯皇帝、弗兰西斯二世、奥地利皇帝以及普鲁士皇帝都是酩悦香槟的忠实拥护者，也是2005年唯一入选《商业周刊》全球百强品牌的香槟酒品牌。

酩悦香槟是众多皇族的挚爱

库克香槟（Krug）——香槟中的劳斯莱斯

库克作为顶级香槟品牌之一，1843年，一位德国人克鲁格（Johann-Joseph Krug）由莱茵河边来到法国香槟区。通常这里的葡萄来源多至40—50个不同产区，年份也由6—10年不等。酿成后至少要醇化6年才能出厂。因为产量很少，因此价高。库克与凯歌同属路易·威登·轩尼诗集团（LVMH），但风格却完全不同，并更加昂贵（是酩悦香槟的三倍）。库克1985年上市全部由同一年份而且全由霞多丽酿成的香槟"白中白"不仅居克鲁格园各种香槟之冠，也成为法国最贵的香槟。库克的葡萄园和酒窖都非常"迷你"。库克的观点：我们不想占有大量市场，也从不做大规模的宣传。但我们相信，一旦顾客尝试了库克香槟，他就会变成一个忠实顾客。"快乐，这就是全部！"这就是库克的信仰。

库克陈年香槟

从海明威到亚里士多德，从加布里埃勒·香奈尔到吉奥尼·阿涅利，从卡拉斯·玛丽亚到伊维斯·蒙坦德，无数传奇人物将品尝库克香槟视为一种奇遇、一个启示、一场鼓舞人心的邂逅。在库克香槟的浓郁、复杂的味道中，他们感受到了纯粹与完美。

法国凯歌皇牌特级香槟（Veuve Clicquot）——演绎一段女性传奇

一段惊世爱恋，成就了这款顶级香槟。

凯歌香槟的历史可以追溯到1772年，银行家出身的Philippe Clicquot在法国北部创办了以自己姓氏命名的酿酒厂，取名为“Clicquot”——凯歌酒庄。1798年，肩负家族事业的Philippe Clicquot之子Franois与Barbe Nicole Ponsardin结为连理。他们，一个是法国最适宜培植优质葡萄的香槟区大酒庄最能干的儿子，一个是富有的男爵的后代。他们的结合，就像是童话里的王子和公主，幸福地走到了一起，尽享香槟般的婚姻，越久越醇美。

然而，天妒英才。1805年，Franois英年早逝，他年仅27岁的遗孀——凯歌夫人力排众议，不顾世俗的眼光和怀疑，毅然继承了先夫的事业。因为她深爱着她的丈夫，她觉得唯有把香槟酒做得更完美才是对丈夫最好的纪念。她不能放弃，唯有前行。她以充沛过人的精力，睿智果敢的勇气和活泼智慧的心灵，带领凯歌香槟酒庄走过了最艰辛的时期。

1810年，凯歌夫人独自一人创立了Veuve Clicquot Ponsardin酒庄。这个品牌的名称里融入了寡妇（法语里Veuve是寡妇的意思）、她和丈夫的姓氏，仿佛把凯歌夫人的一切都包含进去了。从此，凯歌香槟酒庄在凯歌夫人手中有了新的传承：追求更为卓越的品质，见证一份深厚的爱情。

在追求完美和勇于创新的信念驱动下，凯歌夫人于1816年发明了有效去除沉淀的转瓶法，酿造出酒质清澈、品质超群的香槟酒，这举世瞩目的技术革新引领了香槟酿造业的潮流。在200年前，当大部分酒标都选用喑哑色调的时候，她发明了用灿烂的金黄色作为凯歌香槟的标志，这是一项非常伟大的创举，从而让凯歌香槟由内而外的更加杰出。她的进取精神和睿智果敢也得到了世人的认同，被亲切地誉为“香槟贵妇”（Grand Dame of Champagne）。

凯歌皇牌特级香槟

玛姆香槟（Mumm）——F1 冠军的代名词

这款香槟绵延着 170 多年，是世代传承的精致工艺与最先进的现代科技相融合的结晶。她的精巧绝伦，使之历经岁月洗涤而经久不衰。她璀璨的色泽，细腻的芳香，优雅的气泡和多样化的混合佳酿，俘获了全世界热爱生活和香槟的鉴赏家之心，成为举世的梦寐之选。

玛姆香槟产自香槟区最有声望的葡萄园，其家族中有着极具特色的多种珍藏，而玛姆酒庄曾与 F1 赛车签约，将玛姆香槟作为赛事结束后，优胜车手庆祝胜利的“御用”香槟。F1 赛事将它凝固。

F1 冠军因玛姆香槟而狂欢

巴黎之花香槟（Perrier Jouet Belle Epaque）——浪漫爱情

Perrier Jouet（PJ）诞生于 1811 年，是 Nicolas-Marie Perrier 和妻子 Adele Jouet 创建的。PJ 香槟出众的风格品质很快便征服了许多英语国家。拥有大批热诚的女性崇尚者，包括高贵的维多利亚女王（Queen Victoria）。1970 年，当时香槟商号的主人兼酿酒师刘易斯·布丁（Louis Budin）构思了一款别具一格，兼美学、艺术和酒的名品之作，作为本商号的名品顶级香槟。为怀念那个“美好时代”，取名 Belle Epoque。酒瓶通体用或盛开或待放的白色花朵图案装饰，灿烂美艳，耀眼夺目。由此，PJ 香槟常被人们形象地称为“花香槟”。后来，在她的一些一般香槟上，特别是出口美国的，也常常修饰以小面积的、风格一致的花朵图案。Belle Epoque 得到过许多品酒大师极高且美妙的评价。当然，也像她作为名品的身份一样，其价格不菲。

这两款香槟是保乐利加酒业集团的璀璨。

白雪香槟（Piper-Heidsieck）——欧洲皇室专享之物

白雪香槟是世界著名香槟品牌之一，Florens Louis Heidsieck 于 1785 年创办了自己的酒厂。当时他已经成为一名专业酿酒师，甚至为 Marie Antoinette 女王贡献过一瓶他自己酿造的葡萄酒。白雪香槟的产地 Reims 是香槟区的经济首府，也是法国的历史重镇，素有“王者之城”的美誉，因为自 11 世纪起，每一任法国国王都必须到这个“加冕之都”受冕登基。到了今天，白雪香槟已成为名副其实的“时尚派对制造者”，在明星云集的盛会如颁奖典礼、时装秀、电影首映等场合，都可以看到白雪香槟的踪影。

泰亭哲香槟（Taittinger）——最后的贵族

著名的香槟品牌中，还在由本家族控制的已经寥寥无几，如酩悦、香槟王、凯歌，库克属于 LVMH 旗下；玛姆、巴黎之花被世界第二大葡萄酒烈酒集团保乐力加拥有；白雪香槟则属于人头马集团，而泰亭哲则是保留着贵族血统的一个。

17 世纪末，修道士弗拉尔 · 奥达在马克德雷庄园揭开了香槟发酵的秘密，该庄园因此声名显赫。1734 年，雅克弗尔诺先生成立了公司。1912 年，皮埃尔 · 泰亭哲先生爱上了这个庄园并在 1932 年成功地收购了它。后来他决定在泰亭哲主要种植霞多丽葡萄。泰亭哲酒庄拥有 642 英亩的广袤土地，占据了香槟地区的最佳葡萄产地。1981 年，查尔斯王子与黛安娜王妃的婚礼用酒就是泰亭哲香槟。现在泰亭哲香槟被世界上 100 多个国家争相收藏。与其他香槟相比，泰亭哲香槟酒更有独特之处：果香宜人，口感醇厚，充盈着奶油蛋卷的诱人清香，清新爽口，更添几分鲜果、蜂蜜口味。回味会在口腔中逐渐扩散，直至充满整个口腔。泰亭哲伯爵白中白香槟是英国著名的詹姆斯邦德 007 的创作者伊恩弗 · 雷明最喜欢喝的香槟酒。这款香槟曾出现在邦德电影里非常有名的“爱在俄罗斯”镜头中。泰亭哲伯爵桃红香槟也是著名的俄罗斯舞蹈家和舞蹈指挥家鲁道夫诺雷瓦最喜欢的香槟。他说："当我喝泰亭哲伯爵香槟的时候，我感觉自己不是在跳舞而是在飞！"

布那洁香槟（Bollinger）——007 的迷情水

1829 年，布那洁酒厂建于法国香槟省兰斯市，1835 年即出口第一批香槟酒至英国，是最早进入英国港口的香槟之一。当时 Bollinger 已经以口味特征鲜明著称，它在酿制过程中添加的糖分比其他酒厂要少，在各种甜腻腻的香槟中，Brut 型的口味明亮脱俗，英国皇室对其宠爱有加，钦定其为"御用香槟"。

几年前风靡英国的电视连续剧《绝对精彩》（Absolutely Fabulous）把 Edina Monsoon 和 Patsy Stone 两个 40 岁时髦女人的时髦生活方式带到了全世界，其中之一就是喝 Bollinger。还有詹姆斯·邦德，不仅搞情报和追美女玩到出神入化，对香槟的口味也同样"高竿"。他从 1973 年开始喝 Bollinger，一发难收。他在埃菲尔铁塔的旋转餐厅上喝 Bollinger1975；他驾车逃命惊魂甫定，便魔术般变出一瓶 Grande Annee 1988 且借机向美丽的心理医生献吻；他"纵横天下"（The world is not enough）时曾与大美女苏菲·玛索共饮 Bollinger1990……

有人说，若问在英国皇室颠倒众生的是哪支酒牌，惟 Bollinger 有此魅力。黛安娜王妃车祸前与法耶德在巴黎里兹饭店（Ritz）用餐，Bollinger 陪伴他们最后一晚。次日英伦玫瑰香销玉殒，成就了 Bollinger 所见证的最凄美之夜。当年查尔斯王子迎娶佳人，同样是 Bollinger 老酒斟满宫廷婚宴的郁金香杯。追溯其家事，这支香槟见证了近 200 年间英国王室贵族阶级的风云流变。

沙龙香槟（SALON）

沙龙香槟是因美食而得到的"王中王"。

一位名沙龙（Eugene-Aime Salon）的美食家发现美尼尔镇的葡萄非常适合酿制香槟，于是买下一个只有几公顷大的小园，并且种植霞多丽葡萄。这位沙龙先生的沙龙园问世。他以单一的霞多丽葡萄在 1911 年开始酿造这种"白中白”香槟。最初只是自家用的“私家酒”，但这种好酒的声名远播，登门求售者络绎不绝。巴黎最好的餐厅美心（Maxim）餐厅在1920年获得独家供应沙龙香槟的许可。1921年沙龙先生干脆正式设园卖酒。沙龙作为一位穷极口腹之欲的老饕，自然对自己的香槟要求极其严格，对不是完全满意的年份与酿造结果，他的解决方式便是：不推上市场。因此，每10年中最多仅三四个年份见于市场。10年是沙龙香槟成熟期的最起码要求，这就是说，市场上只要看到沙龙香槟至少已陈放10年了。

W 甜白酒

原本只想跟朋友分享一点点，自己有一点点体验的法国葡萄酒，但对可以说是“世界之巅”的德国的甜白酒，不说好像不快意，总觉得该谈一笔，聊以表达敬意。

德国甜白酒如打开的皇宫，只要你走进去就意味着你的改变。据统计，以同样的面积在法国苏玳区能出产5万瓶贵腐酒，而在德国莱茵河区只能生产250瓶，而且还不包括枯萄精选（因为它不是每年都能生产的）。

1794年10月初，法国军队攻占德国科隆与波昂，占领了整个盛产美酒的莱茵河地区后，代表法国大革命打破权威与教会势力、贵族统治的自由风气也传进了这个封闭的河谷。教会与贵族所拥有的庞大葡萄园被充公、拍卖，小农制的葡萄园于是如雨后春笋般地成立。开启了德国葡萄酒的新纪元。

伊贡·米勒园（Egon Muller，Scharzhofberg，TBA）全世界顶级的甜白酒，每年只有在莱茵河酒最重要的特里尔（Trier）拍卖会上你才能看到。它的价格令人惊叹（佳士得、苏富比都难得一见）。

追溯伊贡·米勒酒园（Egon Muller，Scharzhofberg，TBA）的历史，始自6世纪建成的圣玛丽亚修道院。“教产还俗”的运动使伊贡·米勒的曾祖父柯赫（1ean-Iacques Koch）购得此酒园。伊贡·米勒家族拥有沙兹堡山约7公顷的山坡地，后来又在附近收购了5公顷的园区，总面积达12.5公顷，树种为雷司令，每公顷约8000株，平均每公顷生产5000—6000升。大部分的树已超过五六十岁，不少是第二次世界大战前种的。每株树冬天裁枝，只留下两芽，大约每株每年结低于1千克的葡萄。年产量也只有7万瓶。

除了枯萄精选及冰酒外，伊贡·米勒每年都出产精选级以下的白酒，迟摘酒年产3万瓶，精选酒约1万瓶，价钱大都比市场上同等级酒贵一倍以上。

至于逐串精选级以上的特种酒，并非每年酿制。即使老天帮忙，在葡萄成熟后，如果宝霉繁殖期间不兴风作雨的话，那么每年最多也仅生产200—300瓶。自1970年以来，仅有1971年、1975年、1976年、1989年、1990年、1994年与1995年生产枯萄精选酒。冰酒，因酿造较为容易，除1994年没生产之外，每年都能生产约400瓶极优良的冰酒。伊贡·米勒的冰酒也极特别，它把冰酒分成一般冰酒及特种冰酒（Extra Eiswein），即使是一瓶新年份的普通冰酒，也是全德国最昂贵的冰酒。

伊贡·米勒的枯萄精选产量稀少。有人统计，以同样的面积在法国苏玳区能出产5万瓶宝霉酒，而德国莱茵河区只能生产250瓶，而且还不包括枯萄精选在内（因为枯萄精选是看年份的）。这是德国的逐串精选级以上的宝霉酒价钱居高不下的主要原因。难怪其刚一出场即刻被欧洲企业界，特别是德国企业界抢购一空，枯萄精选酒实际在市场上已经绝迹。

柏恩卡斯特医生园（Bernkastel Doctor，TBA）

柏恩卡斯特医生园现在的园主塔尼史（Thanisch）的家族从1650年开始拥有“医生园”，至今已超过三个半世纪。

在1988年，该园因继承问题分成两个医生园。较大的新园（11公顷），称为Eben Miiller-Burggraef；老园则保有祖宅。两个酒园的名称及标签都极易混淆。这两园评级都一样，但老园更注重历史、传承历史。老的医生园面积有6.5公顷，产地分散在3个不同的小镇上，除柏恩卡斯特外，尚有摩泽尔河南岸的布劳山堡（Brauneberg）与葛拉哈（Graach），每一个地方都是寸土寸金的园区，园区鸟瞰摩泽尔河，真是优美极了。葡萄园面向西南，土壤以板岩为主，透水性强。园中全部植雷司令葡萄，所有的葡萄树都是老株，平均树龄在40—60岁之间。该园总共生产 20 种不同的葡萄酒，这些来自 8 个不同园区与不同等级的酒，年产量只有 4.5 万瓶，在德国的名园中算是小园了。假如天公作美，极有可能酿成枯葡精选酒与冰酒。例如 1971 年、1976 年、1989 年、1994 年生产了枯葡精选（TBA），1983 年生产了冰酒。1996 年本来极有希望酿成冰酒，没想到快要采收前天空飞来一批小鸟，把甜透芬芳的葡萄一啄而光，冰酒也就酿不成了。枯葡精选每次生产量极少，只有 100—200 瓶之间，偶尔也生产少量的逐串精选（BA）。

医生园出产的枯葡精选与冰酒都有浓郁的芳香，夹杂些许的果酸与苦味。同时，既可趁新鲜时饮用，亦可保存 20 年而不改其味，甚至更加芳醇动人。

普绿园（J.J. LPrüm，TBA）

普绿家族在 16 世纪就定居于此，世代在御园——本地权势最大的枢机主教的葡萄园担任总管。拿破仑“旋风”吹到了本地后，普绿家族也像伊贡 · 米勒的祖先一样，由教产拍卖会上拍到了一块园地，当然是最好的一块。于是举家迁移到该园地，这便是今日离柏恩卡斯特车行 10—20 分钟，靠近河边的小村庄卫恩（Wehlen）。

普绿园现在面积为 14 公顷，葡萄全为雷司令种。每年生产约 13 万瓶各式白酒。1934 年及 1937 年起分别开始酿制逐串精选及枯葡精选，但产量仍然极少，例如 1990 年份生产了 100 升的枯葡精选与 200 升逐串精选。即使在丰收的 1989 年份也仅有 300 升的枯葡精选酒与逐串精选酒，故非年年产制特级酒，因此价格昂贵是可以预期的。每年的逐串精选酒与枯葡精选酒都无定价，一切依拍卖会决定。一般市面上根本难以寻获。行家们反而愿意以 1/10 的价格购买普绿的精选酒。普绿精选酒，酒色呈淡绿色，微稠，既有蜂蜜、淡淡的柠檬味，也有兰花、紫罗兰的混合香气，品尝这种酒简直是欣赏一件艺术作品。精选级的已是如此精彩，当可想象更上一层楼的滋味了。美国的《酒观察家》杂志 1976 年将“年度之酒”的荣誉给予普绿的精选酒，此酒因此成为爱酒人士竞相搜寻的对象。

葡萄酒的迷惑

WINE ECONOMY

实在是有太多的国家生产葡萄酒，每个国家有太多的葡萄酒产区、太多的葡萄品种。有什么讨巧的办法让自己能更好地了解自己喝的葡萄酒呢？我的方法是先知道“旧世界、新世界”是怎么分的。接下来想既然全世界都以法国为模仿对象，就先了解法国。我们知道决定葡萄酒好坏有六大因素：葡萄品种、气候、土壤、湿度、葡萄园管理和酿酒技术，法国葡萄酒得天独厚地具备了所有这些优越条件。以葡萄品种来说波尔多酿酒的葡萄品种经过了不断的选择，它们是你最丰富的体验，因此，在其他国家，如果是相同的经纬度而土壤又相近的区域，就一定会以法国葡萄品种为主要葡萄酿酒品种，这样好像就简单点了。“新世界”的葡萄酒大多就像小朋友爱喝的可乐（可能是因为他们味蕾不发达），你可以很直接地感受到它给你味觉带来的冲击。而

新绿

涅槃

晚晴

如人生般变幻的葡萄园

年纪大一点后，人变得复杂，人生变得丰富，对事物的阅历也变得多了，对人的第一需求“口蜜之福”也有了更多的需求，从那时起对茶或者葡萄酒有更多的感受。成年了，嗅觉、味蕾发达了，复杂、丰富、富于变化的葡萄酒为你带来了无可比拟的体验。当然，年长的人偶尔喝简单刺激的饮品也觉得是不一样的新鲜感，这好像常常听说有“成功”的“老男人”娶位年轻充满活力的少妻，要的就是她的单纯与活力。“新世界”的葡萄酒多数比较喜欢迎合刚开始喝葡萄酒的喝酒人的需要，扑鼻而来的果香，味觉直接的感受，所以比较容易喝；“旧世界”葡萄酒比较复杂，特别是法国葡萄酒，如果拿学习来作比喻，懂得勃艮地你就是博士。

复杂的分级

有很长一段时间，我常常搞不清葡萄酒的等级区别，此后想法国酒的等级，是其他国家的标准，那我就试着了解 1855 年的等级制定标准。后来我发现有许多经营葡萄酒很多年的经销者也常常搞混这个不同葡萄酒产区的不同等级划分方式。我很感叹，为什么写葡萄酒书的专家或者酒评家们不先将这个重要的常识梳理好，让像我这样喜欢葡萄酒的人很容易了解呢？

这里，仅以一个葡萄酒爱好者的业余水平跟大家作一个分享。

我们知道最早的分级是 1855 年波尔多左岸以梅多克区为主的分级。当时是从 500 座酒庄中选出优秀的 58 座（现在是 61 座），用 5 个等级来划分，然后没有等级的对象但被认定为高等级的 247 座酒庄也被赋予 Bourgeoisie 的名称。第一级 4 家（1973 年增加到 5 家），第二级 14 家，第三级 14 家，第四级 10 家，第五级 18 家，Bourgeoisie 级 247 家。右岸的圣艾美隆地区在 1955 年开始了等级划分制度，现在则分成四个等级，相当于梅多克的一级的是第一特别级 A，有两座酒庄；第一特别级 B 有 11 座酒庄，特别级有 55 座酒庄，特级有数百座酒庄联名。格拉芙地区的等级划分较为简单。1855 年评出的波尔多四大酒庄中 Haut Brion 为格拉芙产区，那么，1953 年格拉芙产区确定的等级划分以 Haut Brion 跟 La Mission Haut Brion 为首，只选定了 15 座优良的酒庄。庞美洛区没有分级。勃艮地产区在 1936 年后建立起了等级划分，特级、一级、村名葡萄酒、广泛区域名葡萄酒。

书中所用的产区名、酒庄名、葡萄品种名可参见附表二。

W Cru

这个字意指“优质葡萄园”或“优质产区”，是法定产区分级制度之外的一个特别描述。一个被官方认可而列级的葡萄园称为“列级酒庄”或“Cru classé”。另外，这个字也可以用来描述一个特定的区域里，范围较小的产区。

各地区的“Cru”

波尔多（Bordeaux）：波尔多的分级是没有纳入产区制度里的。以吉隆特（Gironde）河为界，左岸梅多克（Médoc）区有红酒的1855年分级（1973年更动过一次名单），索甸（Sauternes）及巴萨克（Barsac）区的甜白酒于1855年分级，格拉夫（Graves）区的1953年分级，另外还有1932年成立的“中级酒庄”“Cru Bourgeois”。

右岸圣爱美隆（Saint-Emilion）区在1955年成立分级制度，接下来在1969年、1979年、1984年及1996年都有变动名单。特级圣爱美浓“Saint-Emilion Grand Cru”是可以每年提出申请的。

勃艮地（Bourgogne）1936年后建立起了等级划分：特级、一级、村名葡萄酒、广泛区域名葡萄酒。强调“terroir”的概念。

其他如普罗旺斯丘（Côtes de Provence）1955年分级，阿尔萨斯特级葡萄园（Alsace Grand Cru）、特级班努斯（Banyuls Grand Cru）及香槟特级葡萄园（Champagne Grand Cru）等等，其“Cru”的标准与含意也都不尽相同，不过都是质量较为优良的表征。

酒庄级别名称中外文对照

法文	英文译文	中文译文
Premires Crus	First Growths	顶级（一等）酒庄
Deuxièmes Crus	Second Growths	二级（二等）酒庄
Troisièmes Crus	Third Growths	三级（三等）酒庄
Quatrièmes Crus	Fourth Growths	四级（四等）酒庄
Cinquièmes Crus	Fifth Growths	五级（五等）酒庄

注：法文原文与英文译文引自 The New Sotheby's Wine Encycbpedia by Tom Stevenson, 1997。

1855 年波尔多红葡萄酒分级级别

等级	中文	酒庄数量
Premires Crus	一级葡萄园庄	4（1973 年增为 5 个）
Deuxièmes Crus	二级葡萄园庄	15（1973 年后为 14 个）
Troisièmes Crus	三级葡萄园庄	14
Quatrièmes Crus	四级葡萄园庄	10
Cinquièmes Crus	五级葡萄园庄	18

1855 年波尔多甜白葡萄酒分级级别

等级	中文	酒庄数量
Grand Premires Crus	顶级葡萄园庄	1
Premires Crus	一级葡萄园庄	11
Deuxièmes Crus	二级葡萄园庄	14

1959 年波尔多格拉夫次产区分级级别

类别	中文	酒庄数量
Vin Rouge	红葡萄酒	13
Vin Blanc	白葡萄酒	9（1960 年后为 10）

1985 年波尔多圣－艾米伦次产区分级级别

等级	中文	酒庄数量
Premires Grands Crus Classés A	甲等超级葡萄园庄	2
Premires Grands Crus Classés B	乙等超级葡萄园庄	9
Grands Crus Classés	顶级葡萄园庄	64

法国葡萄酒产区具有历史意义的时间

1855 年：为参加在巴黎举办的万国博览会，拿破仑三世令波尔多总商会为其酒制订一个排行榜。当时的 61 个顶尖酒庄有幸入选，所有五个等级的酒庄都称“列级酒庄”，这是历史上首次对葡萄酒进行正式的分级。可以说树立了法国葡萄酒的品牌，对法国葡萄酒在全球的流行奠定了基础。

1935 年：法国通过了原产地控制命名系统以及严格的关于葡萄酒制作和生产的法律，这是世界上最早建立的葡萄酒命名系统，保证了法国葡萄酒的品质，进而使法国酒风靡全球。

法国葡萄酒的 4 大等级

法国法律将法国葡萄酒分为 4 级：

1. 原产地法定区域管制餐酒（中文简称为法定产区餐酒，英文简称为 AOC：Appellationd Origine Controlee），法国葡萄酒最高级别，AOC 级别的葡萄酒只能采用指定产区内种植的葡萄酿制，绝对不可以和其他产区的葡萄汁勾兑，以保证酒的品质和地区风格。在中国市场上能够见到的多数都是此类 AOC 等级的酒。酒瓶标签上会标识“Appellation+ 产区名 +Controlee”的字样。

其实在 AOC 等级酒中也分有高低等级，产区越小，酒质越好。例如，波尔多（Bordeaux）大产区下面可细分为梅多克（Medoc）、格拉夫（Grave）等多个次产区；而梅多克（MEDOC）次产区内部又有很多村庄，如 Margaux 村庄等；Margaux 村庄内又包含几个城堡（法文 Chateau），如 Chateau Lascombes。酒的品质是依序提升。酒标上的标识举例如下：

最低级是大产区名 AOC：如 Appellation Bordeaux Controlee

次低级是次产区名 AOC：如 Appellation Medoc Controlee

较高级是村庄名 AOC：如 Appellation Margaux Controlee

最高级是城堡名 AOC：如 Appellation Chateau Lascombes Controlee

2. 优良地区餐酒（VDQS：Vin Delimite de Qualite Superieure），地区餐酒（Vin de Pays）向 AOC 级别过渡所必须经历的级别。同 AOC 等级酒一样，只能采用指定产区内种植的葡萄酿制。如果在 VDQS 时期酒质表现良好，则会升级为 AOC。酒瓶标签上会标识“Appellation+ 产区名 +Vin Delimite de Qualite Superieure”的字样。

3. 地区餐酒（Vin de Pays，英文意思 Wine of Country），日常餐酒（Vin de Table）中最好的酒被升级为地区餐酒，酒标上可以标明产区，其中采用的葡萄

法国葡萄酒产区图

法国波尔多葡萄酒产区及名庄分布图

虽然仅限于该产区内种植的，但不限制葡萄品种。酒瓶标签上会标识“Vin de Pays + 产区名”的字样。另外很重要的一点，法国绝大部分的地区餐酒产自南部地中海沿岸。

4. 日常餐酒（Vin de Table），法国最低档的葡萄酒，日常饮用，价格很便宜，中国市场上较少见。可以采用来自欧共体国家不同地区的葡萄汁勾兑而成，如果葡萄汁限于法国各产区，可称法国日常餐酒。酒瓶标签上会标识“Vin de Table”的字样。

年份代表什么?

说到这里，记得在书里曾经看到，公元前 121 年是个葡萄酒最完美的年份，罗马人保存了葡萄酒地道的口感，尽情享受了葡萄酒的精致优雅、曼妙无比。那是第一个葡萄酒充分展现自己雍容醇厚、果味浓郁、芳香四溢的年份。从那个时候起，人们开始彻底抛弃饮用兑水的廉价葡萄酒的习惯，进入了一个葡萄酒新时代，这就是辉煌的公元前 121 年。接下来的完美年份是 1811 年，天时、地利、人和（国王、贵族、教会的大量需求，经济作用的推动）使法国人将自己的聪明才智投入到创造完美的葡萄酒这一物质与精神高度结合的事物中，那时候法国波尔多葡萄酒就已经销往英国等重要的欧洲国家，他们的不遗余力可以说为世界经济的贡献是不可忽视的。你也许会认为我在夸大事实，我们一起分享我的感受。看看现在在这个经济萧条时期在香港苏富比 2009 年秋拍柏图斯（Château Pétrus）1982 年 6 公升装（Imperial）所创下的世界拍卖纪录——93077 美元。这种水果酿制的饮料让全世界那么多人为它着迷，又让它成为法国重要的经济收益。法国的波尔多是工业城市，可它却以葡萄酒闻名于世界，工业与农业的和谐，这是法国的骄傲。

上面说的这些都很感性。我们可能还应该跟大家说说“年份”，这是葡萄酒的一个大秘密。在葡萄酒瓶上，通常你会看到标有某某年，还会有采摘或装瓶时间。有许多酒需要熟化。名庄酒的销售中常常会因为帕克评高分的年份，葡

年份代表天气阴晴

年份代表降雨流水

年份代表葡萄成熟时节

年份代表了不同的橡木桶材质

年份代表不同的葡萄采收时节

年份代表什么

萄酒的价格会更高一些。为什么呢？葡萄的生长因当地的风土而千姿百媚，土壤是不可变的、天气却是每年都不同，不同的天气条件对葡萄生长的影响，将会对这一年葡萄酒的酒体发生影响。同一款葡萄酒因为年份不同你会喝出不同的感受。这很像我们云南的普洱茶，每年的茶都有不同。

天气决定葡萄酒是否完美

我记得最早因天气改变葡萄酒口感的时间是：公元前 121 年。

这一年葡萄酒完美的口感被记录下来，这个年份葡萄的完美表现，推动了葡萄酒的酿造工艺。天气决定了葡萄自然生长状况的好坏，天气让每个年份为葡萄酒打上自己的记忆标签。不好的天气年份，酿酒师更要挑战自己，这好像是自然用来磨砺酿酒师的利器。每十年大约会有三个葡萄酒的好年份，这似乎都已经成为不需要验证的公理了。2009 年又是一个好年份，哪个酒庄能酿出伟大的葡萄酒，2010 年我们看看酒评家们的评语，更需要自己去体验。

听起来葡萄酒好像有点靠天吃饭，其实也正因为是这样，葡萄酒不同年份的魅力才能得以表现。不好年份酿酒师的努力你才能感受到葡萄酒的个性差异，才有葡萄酒世界里的“一瓶一世界”的快乐。

葡萄酒是简单与复杂两极都具备的奇妙饮品。这就是为什么有专门的葡萄酒学校了。你想速成，最快的方法到学校，你想学习怎么描述葡萄酒，到学校，你想知道一切关于葡萄酒的秘密到葡萄酒学校，它一定能满足你。如果说还有什么方法，就是挤进葡萄酒迷圈。

葡萄酒特别是名庄酒，天气好的年份的期酒价格、市场价格、拍卖价格，都比其他年份高出许多。比如，2009 年，已进入适饮期的 1982 年份的拉菲价格在 3 万元人民币以上，2010 年零售价格又升高，而 1985 年份的拉菲价格在 1 万多元人民币。

年份是不是很重要？当然。好年份的葡萄酒可以说是大家有幸。因为不论是什么样的葡萄酒酿造者都能因天赐的恩惠酿出好酒。不同等级的酒都会有上佳的表现，有些葡萄酒普通年份是不适宜陈放的，但好年份的葡萄酒都较其他时间更耐放。那么差年份的葡萄酒会是怎样的呢？可能会有很多葡萄酒乏善可陈，但是，也会有很多葡萄园及酿酒师在葡萄的成熟过程中更精心挑选葡萄，更费心在每一个环节。很多名庄用减产来使葡萄得到更多的滋养。而且通常普通年份的葡萄酒会比好年份的葡萄酒的价格低。特别是名庄酒。比如说，拉菲酒庄，2004 年的葡萄酒价格相对较低。因为 2000 年是个非常好的年份，2003 年及 2005 年专家都给出了不错的评价，而对 2004 年给出不建议收藏的评价，这使得很多喜欢葡萄酒的人有福享受拉菲庄用心酿制的这款 2004 年葡萄酒。给个建议，在好年份可以喝多些其他等级的酒庄的葡萄酒（因为好年份即使普通的酒也会很好喝），不好的年份可以借机享受名庄大酒庄的酒（不好年份的名庄酒价格较低）。

好年份列表见本书附表一。

我曾经问自己，好葡萄酒究竟是什么比较重要？葡萄品种吗？气候吗？土壤吗？湿度吗？葡萄园管理和酿酒技术吗？很多地方都种植黑皮诺为什么没有能与罗曼尼·康帝匹敌的葡萄酒呢？很多时候看到“风土”（Terroir）这个词，这个词就应该是谛造出罗曼尼·康帝的原因吧。以我的一已之见“风土”最为重要。只有勃艮地的“黄金坡”这里才会有罗曼尼·康帝。这里是黑皮诺的骄傲，这片土地更有梦拉谢（Le Montrachet）这样白葡萄酒鹤立于葡萄酒世界。

记住法国葡萄的风土特征，你再去对应其他的葡萄酒世界，这样也许你不会再困惑该如何认识那么多复杂的葡萄酒（反正你又不是要以它为职业）。法国十大产区太不容易记得住，不过记住最著名的勃艮地及波尔多好像就容易一些。与朋友分享最好的酒（勃艮地及波尔多）；自己在家里独饮于身体有益的酒（马蒂隆 1907，因为它富含的花青素可以帮助你净化血液）。

记不住 1500 种全世界可酿制葡萄酒的葡萄品种，记住 200 种葡萄品种也不容易，记住一些主要的葡萄品种就容易多了吧。

我们知道，对葡萄酒而言，葡萄生长的环境包括所在地区和气候、土壤成分、土壤结构及排水性、地理环境（即朝向、坡度、风势、有无阻挡物等），所有这些因素便构成了法国人在论及葡萄酒质量时必然要提到的 Terroir 一词。所以，确切地说，Terroir是一个如上所提的综合概念，目前其他语言尚无相应的词汇来表达它的完整含义。

在葡萄酒的神秘游戏中，葡萄品种是一个决定性的因素。葡萄决定了每一种葡萄酒的风格和特色，甚至决定了葡萄酒的质量。因为葡萄是葡萄酒的核心。

我想，在喝葡萄酒的时候，如果能把老祖宗的种源明白了，其他也都不难懂了。波尔多左岸的主要红葡萄品种也不外乎四种解百纳——苏维浓、佛朗、梅洛、小维铎。右岸以佛朗、梅洛为主。

勃艮地红葡萄品种以黑皮诺笑傲江湖。

德国出色的甜白酒以雷司令唯我独尊。

雷司令是德国葡萄种植业的一面旗帜、德国葡萄酒的世界形象。

不同性质的土壤确保了德国雷司令葡萄口味丰富，魅力诱人。全球65%的雷司令葡萄是在德国种植的，说德国是雷司令的故乡，自然是当之无愧的。

种植葡萄最北边的气候边界大约是北纬51度，对于雷司令来说，这是一个相当有利的条件，因为雷司令比较偏爱阴凉的气候。在部分受到大陆性气候影响下的德国的种植区内，雷司令的成熟十分缓慢，一般从10月中旬到11月底之间才开始摘收。漫长的成熟期造就了馥郁的香气。由雷司令葡萄酿造的酒风格多样，从干酒到甜酒，从优质酒、贵腐型酒到顶级冰酒，各种级别都能酿造。此外，酒精含量较低的特点也使得雷司令酒在酒杯中呈现悦人的光泽和丰富的香味。雷司令是一种富于变化的葡萄，含有的果香多样，从桃子、柑果的香味特色、异域水果的香味到蜂蜜的甜香，尽皆涵盖。更特别的是它独一无二的果酸和浸膏的结合，时而浓厚，时而清新，以其千变万化令人感到新奇，从而将各种甜度一一呈现，以此也体现了雷司令的出色之处。

没有一款白葡萄酒能像雷司令酒那样，让人们在品尝单一葡萄品种酿造的葡萄酒时，经历多层次的味觉享受。雷司令也能酿造经得起陈年的葡萄酒，这首先将极大地突出葡萄园的特色，当然并不会掩埋其本身的特点，雷司令永远是值得信赖的。

年轻的、清香的雷司令葡萄酒，从干酒到甜酒，都相当适宜于在夏天引用。干或者是半干的酒特别适宜于作为鱼、肉和亚洲菜肴的佐餐酒。晚摘的甜型酒或是颗粒精选的甜型酒最宜搭配甜点。

1720年时，约翰内斯堡的天主教本笃会修道院作出的关于种植雷司令的决定，在整个莱茵河区域都不允许种植除雷司令以外的用于酿酒的葡萄。这对后来的德国葡萄业影响深远，打上了文化的印记。除了作为许多著名葡萄种植地源头的宗教寺院的葡萄酒文化，还产生了今日世界雷司令葡萄种植的格局。

雷司令的第一个繁荣时期在19世纪末的莱茵河与摩泽尔河。当时这两个产区的葡萄在世界各地都拥有最高的身价。所有欧洲王室都爱雷司令酒。在21世纪初的今天，德国雷司令酒再一次在世界范围内成为可信度高及最高等级的保证的代名词，又一次跻身世界最昂贵白葡萄酒的行列。当然许多最好的雷司令葡萄是由德国的葡萄园种植。

波尔多与勃艮地能始终站在葡萄酒之巅是因为它无可复制的风土。土壤对葡萄的影响至关重要。很多时候我们都喜欢肥沃的土地，但对葡萄而言，最好的土壤就是排水性能好又不特别肥沃的土壤。当我在葡萄园里抓起一把泥土时，那里面是一块块的石头及灰白色的土，如果不是种葡萄，这种土大概只能长出瘦小的树以及营养不良的草吧。勃艮地的一位酿酒师曾说："如果我们的土壤不那么贫瘠，我们也不可能这样富有。"

为什么是波尔多与勃艮地？我想还是那里的葡萄品种与风土。那些葡萄品种在那里的土壤里性能发挥得最好。据说发达国家用科学的方法能分析研究出葡萄酒的成分及分子结构，可以添加或者减少一些成分，葡萄酒酿造者可以做这样的事情来改变葡萄酒的特性。但是，大自然给予葡萄的神秘像空气一样抓不住。据说，到现在为止黑皮诺（Pinot noir）在勃艮地以外的种植区都无法像在勃艮地一样出色。波尔多的葡萄品种倒是世界各地都有成功的。我们知道即使是一卵双胞都还个性不同，更不用说不同国家长出的葡萄了。

我们来简单认识一些最重要的红葡萄品种和白葡萄品种。

解百纳—苏维浓（Cabernet Sauvignon）

主要味道特性：青椒及黑醋栗；橡木、香草、咖啡香气。

解百纳—苏维浓味道比较广泛，当葡萄不完全成熟时，它的味道会略带青

解百纳—苏维浓（Cabernet Sauvignon）

苏维浓酿制的红葡萄酒味道广泛

草及青椒味道，如果是相当成熟的赤霞珠，它的味道较浓郁，通常有很明显的黑莓味道，是波尔多葡萄酒中的主要成分。美国加州及智利的解百纳—苏维浓通常略带薄荷味道。在橡木桶蕴藏过的解百纳—苏维浓红酒会有很强烈的橡木香草味道，法国、意大利、美国加州、智利、澳洲出产的解百纳—苏维浓红酒味道都有相当不错的表现。

佛朗（Cabernet Franc）

主要味道特性：青草及红莓子；铅笔芯的气味。又名品丽珠。

佛朗是解百纳—苏维浓的远亲，产自法国波尔多区右岸的佛朗葡萄酒，气味较芳香，酒体柔润富有红莓子、红黑醋栗味道。产自较北面产区的罗瓦尔区或意大利的东北部的往往会有青草的气息。佛朗经常被称为富有铅笔芯气味的葡萄品种。用佛朗葡萄酿造的葡萄酒当中最著名的有欧颂庄园（Chateau Ausone）及白马庄园（Chateau Cheval Blanc）。

佛朗

梅洛（Merlot）

主要味道特性：青椒及黑醋栗；巧克力及香料味特性。

梅洛（Merlot）

新世界多采用清新可人的梅洛

跟解百纳—苏维浓不一样的梅洛葡萄，其果皮较薄，因此，常见的梅洛红酒色泽较解百纳—苏维浓红酒为浅，丹宁较温和，没赤霞珠那般强劲。用相当成熟的梅洛葡萄来酿造的葡萄酒富有黑醋栗、黑莓、蓝莓、巧克力味，略带香料味道。法国波尔多、美国加州、智利所出产的梅洛红葡萄酒，最能表达梅洛葡萄的原始味道。

小维铎（Petit Verdot）

主要味道特性：香草、胡椒气味，紫罗兰、黑醋味道。

著名的法国波尔多葡萄品种，但主要用于调配色素和丹宁。皮厚色泽深的小维铎，丰满而浓郁，在波尔多美度区红酒，通常都会调配少量的小维铎葡萄。美国加州和澳洲都种植小维铎，特别以澳洲南部“河岸地区”RIVERLAND 出产的更为突出。

小维铎（Verdot）

黑皮诺（Pinot Noir）

黑皮诺是一种比较娇气的葡萄品种，其对气候和生长环境有着非常高的要求，它娇嫩得多，是法国勃艮地产区红葡萄酒的唯一品种。黑皮诺酿出来的酒最能反映土质特色和矿物色彩，酒色不深，但细致圆润、变化丰富。黑皮诺适合种植于偏寒的气候，且石灰黏土的山坡地，法国勃艮地能产出最优质的黑皮诺葡萄酒。黑皮诺酿的酒有一种水果的香甜味，有樱桃、草莓的果香，又有湿土、雪茄、蘑菇和巧克力的味道。口感非常和谐、自然。它也是很重要的香槟品种。除了法国，在新西兰、加利福尼亚和澳大利亚都有不错的表现，是好品种的典型。

黑皮诺（Pinot noir）

佳美（Gamay）

主要味道特性：香蕉、口香糖、樱桃、草莓气味。

佳美葡萄是法国勃艮地宝祖利区的著名葡萄品种，在宝祖利区出产的葡萄酒是采用百分百的佳美葡萄酿造，果味芳香、新鲜，富有香蕉、樱桃及草莓的气味。对不喜欢有苦涩味的朋友来说，佳美葡萄酒是最好的选择。一般饮用佳美葡萄酒最好在12°—15℃之间，因为清凉一点（不是冰冻的那一种），佳美葡萄酒的新鲜果香会发挥得较佳、较突出。

白葡萄品种

莎当妮（Chardonnay）

主要味道特性：西柚、菠萝、牛油、果仁味道。

最昂贵的干白葡萄酒就来自莎当妮葡萄。它在法国勃艮地最为著名，酒质也最好。蕴藏在橡木桶的莎当妮，更有幽香的香草牛油及干果仁味道。顶级的莎当妮葡萄酒更有甘香的榛子（Hazelnut）味道，余韵悠长持久。无论是产自法国、意大利、西班牙、澳洲、智利，还是加州的莎当妮葡萄都有极出色的表现。

莎当妮（Chardonnay）

莎当妮酿制的葡萄酒余韵悠长

雷司令（Riesling）

主要味道特性：蜂蜜、苹果、青柠、蜜桃味道。

在法国瓦尔萨斯出产的雷司令较干口，类型没有原产地德国出产的雷司令般多样化，由甜白至用来酿造冰酒类型的都有，葡萄酒类型取决于葡萄的成熟程度。在澳洲、新西兰出产的雷司令都有很好的表现，但价格不便宜。

雷司令（Riesling）

雷司令酿制的葡萄酒具有变幻无穷的口感

白苏维翁（Sauvignon Blanc）

白苏维浓

主要味道特性：百香果、青草、烟熏、柠檬、西柚味道。

法国中部罗瓦尔区出产的白苏维翁，富有百香果及很明显的烟熏青草及香草味，在波尔多的白苏维翁有柠檬、西柚甚至菠萝的味道。近年来，新西兰的白苏维翁很出挑，其果香直接，十分芬香，酒体较旧世界的白苏维翁肥胖得多，因此一瓶法国的白苏维翁与一瓶新西兰的白苏维翁相比从嗅觉上就很容易知道哪一款是法国白苏维翁，哪一款不是。这些香气十足的新西兰葡萄酒一般的消费者都会喜欢，而真正的饮家则喜欢味道较传统的法国白苏维翁。

全世界各地的葡萄酒产区也都有自己独特的葡萄品种，有的还是自己这个地区培育出来的，有很多葡萄都有当地特征，都很好喝。以我们这些普通喝葡萄酒的人来说，喝葡萄酒让自己愉悦很重要，“一瓶一世界”的葡萄酒文化更具有意义。所以，法国葡萄酒文化的丰富及艺术境界，是我们着迷的原因吧。

凝聚风土灵气的“一瓶一世界”

葡萄酒的收藏与投资

投资还是收藏，享受还是收益？

当我在第一时间（2010 年 5 月）得知 2009 年，这个葡萄酒的好年份的葡萄酒期酒价格时着实感到了葡萄酒高涨的热情。

奥比昂（Chateau Haut Brion）2009	790.00 欧元 / 每瓶
白马（Chateau Cheval Blanc）2009	850.00 欧元 / 每瓶
伊甘（Chateau D'yquem）2009	540.00 欧元 / 每瓶
玛歌（Chateau Margaux）2009	540.00 欧元 / 每瓶
拉菲（Chateau Lafite Rothschild）2009	540.00 欧元 / 每瓶
木桐（Chateau Mouton Rothschild）2009	@ 540.00 欧元 / 每瓶
拉图（Chateau Latour）2009	600.00 欧元 / 每瓶

相比较，2008 年真是大幸运，110 欧元到 150 欧元的普遍价格让商人及葡萄酒迷有机会乐享葡萄酒之乐。

在北京，至少有十个以上的私人葡萄酒酒窖，存放着数千瓶甚至上万瓶波尔多八大酒庄的葡萄酒，有的收藏者只收藏波尔多。他们大多低调地只为自己享受，但不拒绝交流，只是不事张扬。

2009 年佳士得液体黄金春季拍卖现场

在中国，私人自己建酒窖存放成千上万瓶葡萄酒而只为享受，这真的是可以用勇气与豪迈兼具来形容。葡萄酒窖的管理复杂、烦琐，稍有差池酒质发生变化，葡萄酒的快乐享受将变为懊恼。

苏富比顶级佳酿拍卖

葡萄酒成为“液体黄金”，是在特定的条件下才能完成的，并不是所有葡萄酒都具备此条件，也不是个人收藏了顶级葡萄酒就可以实现它的“黄金价值”的。

沉睡的液体黄金

享受葡萄酒并能获利，这是葡萄酒可以带来的乐趣，但是必须遵守葡萄酒投资的游戏规则。在另类投资中还有一项与葡萄酒投资有异曲同工之妙的是艺术品投资。艺术品投资，作品的品相很重要，葡萄酒投资，葡萄酒的身份及存储是否得当是它的品相。

多数爱葡萄酒的老饕，投资葡萄酒是为了能在自己未来的生活岁月中更好地享受葡萄酒之乐，并不受价格之困。当然，只要有获利投资就必然有追本逐利金融家利用它获利。自从葡萄酒以“液体黄金”面向大众，所有的媒体报道都在这样说：某一位投资人，在某一年购买了几瓶波尔多名庄酒，几年之后，

升值潜力巨大的高端葡萄酒

这个酒的价格已经卖到了 × 万元人民币，他因此受益 ×× 元人民币。有一个朋友告诉我，他买了一瓶拉菲过几年它涨价了，他可以卖掉它获利。理论上讲，他说的没错。比如：你 2006 年买了一瓶 2002 年的拉菲 8000 元人民币，2009 年它的市场价格是 14000 元人民币，你的酒已经增值了 6000 元人民币，可是你怎么卖出去呢？谁来买？买卖交易的流通如何实现？

葡萄酒对存储的条件有很多要求，如果你的储藏条件不好，你的葡萄酒有可能会变成“醋”，变成“咳嗽水”，这样的事情发生时，葡萄酒将一文不值，如果拿这样一瓶葡萄酒与你的贵客分享，那么我相信你的好意将化为泡沫。

股票，散户可以自己交易，它只是数字的波动，但葡萄酒作为实物性投资交易，它必须由特定的机构才能完成。普通人为享受葡萄酒而投资，你怎样做都没错，但是，如果你想得到现金收益，那么你必须遵守它特定的交易规则。

葡萄酒投资被归类为另类投资，特别的道理在于葡萄酒的独特性。我们先来说艺术品投资吧。艺术品有很多，作为个人投资也好，基金投资也好，对艺术品的判断是你投资艺术品的价值所在；证券基金取决于基金经理对股票的选择；葡萄酒呢，具有投资价值的葡萄酒是稀缺资源，有资格取得具有投资价值的葡萄酒的机构就意味着获利（在 B To B 中获利），个人作为终端的你不可能取得在交易平台的交易资格，因此以个人方式存储葡萄酒套利机会很小。有没有个人获利的？有。如果你注意过佳士得或者是苏富比拍卖行进行的葡萄酒拍卖，你会发现，他们的酒有从酒庄直接取得的——窖藏酒，也拍卖过私人收藏家的珍藏。成为这样的收藏家你必须具备很多条件，并且得到游戏规则制定者的认可（可以这么说，如果一天能建成的一定不是罗马城。“罗马不是一天建成的”）。我记得华人富豪黄志祥先生曾经想买下波尔多“车库名庄”里鹏（Le Pin），但最后愿望落空，而他成为除酒庄以外是全世界该酒最大的收藏者。钱并没有让他实现愿望。因此，即使你非常有钱，你建了条件好又有丰富收藏的酒窖，你想让葡萄酒流通起来依然困难重重。葡萄酒享受就是享受，既获利又享受，那你必须是那种不为获利而享受葡萄酒的人。若想以投资获利为主，那么投资与收藏应该交给有能力完成此项业务的机构帮助你完成。

投资葡萄酒的两种基本类型：享受、获利。如果你是为了你的酒窖不空，

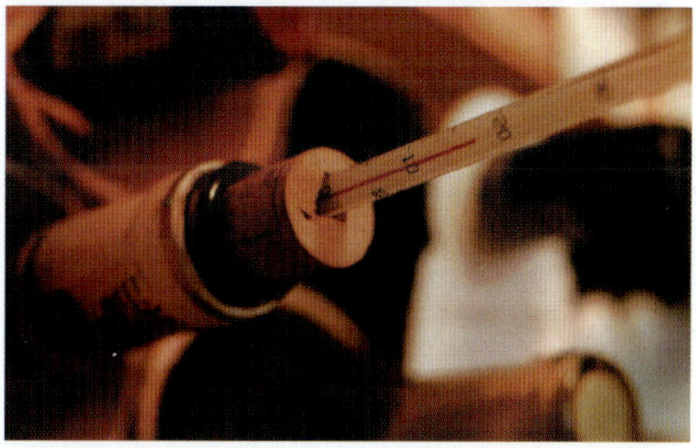

葡萄酒窖要求严格控温
湿度也是酒窖环境优劣的重要指标
16℃到 20℃是收藏葡萄酒的最佳温度
酒品发育情况时刻受到监督
精心收藏的葡萄酒才能最大程度上保持大自然的灵秀之气

葡萄酒收藏条件苛刻

随时能喝到适应年份的葡萄酒，不是为了赚钱，只是为了省钱，那么你只需要注意，能买到合理价格的葡萄酒即可；但是如果为了获利，最好不要自己操作，当然你立志成为大收藏家则另当别论。

说实在的，中国目前尚未有葡萄酒基金的产品推出。不过 2010 年将会有葡萄酒基金推出。

我们知道，名酒收藏家一般分两类：纯粹的享受主义者，有时不经意间常常使他们获利；投资者常常有两种人，一种是日理万机的忙碌的企业家，一种是成熟的投资商。纯粹的享受主义者喜欢与朋友共享美酒，欣赏出色的酒标，发现能与名庄一较高下的小酒庄生产的好酒，这样的人容易接受新的观点、产品。这类投资者主要以享受美酒的快乐为主，愿意花大价钱买一瓶葡萄酒饮用，更乐钟于“淘宝”。忙碌的企业家对葡萄酒有一些经验，他们收藏是表现自己以及生意的需要（我记得在上海国际当代艺术展时，有一位中国富豪，在接待自己的国际合作伙伴时发现这些生意上的伙伴是为艺术而来，而他因为不收藏及了解艺术无法与他们交流，不得已开始找朋友帮助其理解艺术并开始收藏。葡萄酒也是如此，在生意场上，某些特定的环境你如果没有与他人相同的语境就无法交流）。收藏、投资多重效应。成熟的投资商在挑选葡萄酒方面最有经验，在投资选择过程中非常挑剔，他们的收藏动机通常是私人饮用、投资或二者兼而有之。

名酒收藏因人而异。享乐主义者多以低价广泛收藏各种名酒，以备退休后享用。

投资葡萄酒

在目前的中国市场，带有投资目的的收藏者处于起步阶段，很难靠自己将葡萄酒流通起来，在现阶段你可以在购买葡萄酒投资机构的投资产品时，留一部分自己用，而其他的交给他们，由他们在适合的时间卖出获利。

如果希望自己成为一位成熟的投资商，那么你要学习掌握更多的葡萄酒收藏及投资的方法。从流通性及拍卖纪录来看，波尔多葡萄酒一向是收藏及投资的最重要的葡萄酒，如果你可以持有期酒那么你的投资回报一定会比较理想，不过据我们所知，国内个人收藏者还未有人能直接从波尔多名庄买到期酒。以名庄而言，你必须持有的是佳酿年份才会有高价值。勃艮地的一些酒和香槟在中国内地以外的区域也有较好的投资空间，但对中国市场而言还没有什么认识。美国及其他国家的酒，特别是美国酒它的投资及流通基本以美国市场为主。以佳士得、苏富比为例，在美国以外的市场从来都是经营波尔多、勃艮地葡萄酒为主。葡萄酒专家普遍认为，从 20 世纪末到现在最好的葡萄酒年份当属 1995 年、1996 年、1998 年、2000 年、2005 年、2009 年。

作为葡萄酒投资还有一项更为重要的功能，我们可以在谢国忠的文章《名酒怪象》中看到："因为喝酒是润滑商业关系的关键。20 世纪 80 年代，喝酒是日本商业往来非常重要的部分。全世界经济发展迅速之际，这种氛围不知为何再次兴起。酒至半酣，对成功的经济发展是有必要的。当你打算把一大笔财富投资于落后的经济体时，酒能壮胆。"

多数收藏投资都瞄准波尔多、勃艮地的列级酒庄，其实香槟也很值得收藏及投资。

葡萄酒的价格及价值差别也很大。因为好的葡萄酒需要好的葡萄，而好的葡萄则需要好的年景，不同年份的天气情况，如光照、昼夜温差、降水情况等都会影响葡萄的品质，进而影响到葡萄酒的品质。

每 10 年中仅有 3—4 个年份具有投资价值。比如 1998 年是公认的好年份，2008 年就不是好年份，2009 年是好年份，我们看到了这个好年份，酒评家们给出了大家期待的评分，但 2010 年非理性的价格，让这个年份"金光闪闪"。产于好的年份的葡萄酒，其保存期也特别长，可以存放 20—50 年，因此更具投资价值和升值潜力。

2009 年的气候条件非常好，漫长、寒冷的冬季，凉爽的春季和炎热的夏季，都为葡萄生长提供了有利条件，葡萄质量可与 2005 年份相提并论，相比较价格，可能很多收藏家及葡萄酒迷会更多地收藏 2005 年的波尔多葡萄酒。此外，从历史来看，只要是以"9"为尾数的年份，都是绝佳年份。从 1949 年以

葡萄酒交易宠儿

◀1989拉菲身价高贵

▶拉图酒经常断货

名门宴会上柏图斯一瓶难求

名庄酒总能完美体现独特的风土神韵

来，每10年都有一个好年份。

对于购买期酒的投资者而言，2010年，该不该出手2009年产葡萄酒，真的该慎重。葡萄经过分类、榨汁、发酵、装入橡木桶等步骤后，酿成酒需18个月左右的时间，也就是要到2011年初才能拿到现酒。八大酒庄在每年4月即开始对外出售期酒。世界知名评酒师此时汇聚法国波尔多，品尝初酒，然后打分，向投资者发放推介报告，酒庄公布价格。2009年，这个充满冒险的年份，期酒价格已经出台，我们拭目以待这个最高价格的葡萄酒年份未来的表现。

景气周期除了年份外，景气周期也是购买葡萄酒需要考虑的因素，虽然葡萄酒不像周期性行业一样有明显的波峰与低谷，但购买时机还是相当重要。

近两年葡萄酒涨幅惊人，伦敦国际酒商交易所编制的Liv-ex100优质葡萄酒指数，从2006年至2008年6月最高点，升幅达到130%。该指数2001年7月开始编制，是葡萄酒业价格的指标，主要起到三个参考作用：一是搜寻价格和交易机会；二是利用丰富的数据信息比较市场价格与投资可行性；三是利用其巨大的网上交易平台进行网上交易。该指数每月计算100种二级市场交投活跃的优质葡萄酒的价格变动情况。在该指数的100种成分酒中，91.33%是波尔多红酒，1.04%是波尔多白酒，3.49%是勃艮地红酒，3.32%是香槟，0.63%是意大利葡萄酒，罗讷为0.19%。

2008年的金融危机影响到葡萄酒投资市场很短暂。2008年7月，该指数连续下跌。但到2009年来，该指数已出现小幅上涨，2009年与往年高点相比降低了9.5%。目前葡萄酒的价格已经大幅上涨，2010年对于葡萄酒投资者来说，也许该更加注意观察指数的变化。

葡萄酒交易

购买储存及抛售购买现酒可通过酒商，要尽量整箱购买，二级市场上的单瓶酒不易售出，此外，拍卖形式也是购买现酒的不错途径。亚洲葡萄酒的热潮，对全世界葡萄酒都是一剂强醒剂。香港的葡萄酒政策，更使它获得了不可取代的优势。凭借2009年以来的葡萄名酒拍卖量，香港取代了伦敦与纽

顶级拍卖组合

至尊82拉菲佳酿

约，成为全球最大的葡萄酒拍卖市场。一方面，金融危机后亚洲名酒收藏家凭着雄厚的财力，渐成名酒拍卖市场的主力；另一方面，香港2008年2月大手笔取消酒类进口税，也让香港成为全球少数几个对葡萄酒完全免税的地区之一。

如果能够将购得的整箱酒置于良好的保存状态下，会有10%左右的升值空间。比如法国拉菲，收成好的一年约产葡萄酒1万箱，共21万瓶，人们都是在葡萄采摘、酿制的第二年4月份开始预订，理论上讲每人最多预订20箱，可是个人预订者，只有王子、国王有此殊荣。记得媒体曾报道，法国有一家酒商，因为在2008年拿不到期酒份额，起诉酒庄，酒庄虽然赔偿了，但这家酒商依然没有能够保住期酒份额。2010年4月，波尔多迎来了众多的中国人，中国人蜂拥至波尔多希望能够购得2009年期酒，但是，他们被酒庄拒之门外。法国名庄屹立于世界之巅的原因跟大家做一个分享大家或许会觉得很有趣。这个葡萄酒世界，有些特征很像中国，八大酒庄庄主就是掌握资源的部门，他们所设立的门槛也许你能够标准，但是，够标准的酒商谁有资格拿到这样的稀缺资源，这就要靠人际关系了。全世界的葡萄酒爱好者该如何拿到仅有6000瓶的罗曼尼·康帝、50000瓶的柏图斯、21万瓶的拉菲、12万瓶的白马，其他消费品常常是可以再生的，但这些葡萄酒，会消失在你的口中，拿到，并有机会喝到这些令人炫目的“液体黄金”开始变得趣味横生了吧。在现代社会里，你可能很难想象，这个葡萄酒世界，到今天，还固守着“一诺千金”的规则。家族与家族间的渊源使他们到今天，还保留着口头承诺及有效的信用方式。18个月或者更长一点的时间，葡萄酒醇化后达到装瓶标准后，投资者才能拿到成品酒。

葡萄酒像变幻莫测的游戏，充满了刺激与冒险，这使它充满魅力。

购得的葡萄酒可以选择自己储存或者由受托的酒商保管。不过由于葡萄酒的储存要求很高，对温度、湿度、亮度、震动等都有严格的要求，因此，对于投资者而言，建议选择放在专业酒商处储存，只需支付一定的手续费、保险费、仓储费以及投资管理费等即可，剩下的就是拿回证书了。

永远的王牌罗曼尼·康帝

与购买葡萄酒一样，要抛出葡萄酒也可以委托酒商或者通过拍卖行。委托酒商出售，购买者多是其顾客，酒商收取佣金。如果酒存在酒商那里，只要将存酒证明转手即可。如果是通过拍卖的方式完成，复杂性会更高一点。首先，拍卖的量要求比较大，一场拍卖会需要一个总量，而拍卖又是以一箱 12 瓶或半箱 6 瓶起拍。其二，除非酒非常特殊，会以零散的一支两支酒拍，拍卖行会收取一定费用（通常根据拍卖行的规模双方收取 10%—20%）。

价格及波动一般而言，2004 年份五大的期酒价格约每箱 960 欧元；2005 年五大名庄的葡萄酒期酒价格 12 瓶 / 箱，木桐 3500 英镑、奥比昂 3800 英镑、拉菲 3900 英镑、拉图 4500 英镑、玛歌 4500 英镑。而开价最高的，还要数右岸的三家酒庄：欧颂 8500 英镑、里鹏 10000 英镑、帕图斯 20000 英镑。2007 年玛歌和拉图期酒价格每瓶 240 欧元，木桐、拉菲以及奥比昂酒庄对外发布 2007 年期酒价格，为每瓶 200 欧元，较 2006 年份下降 26%。大部分拿到配额的酒商都把售价定到每瓶 240 欧元，2008 年波尔多左岸葡萄酒期酒定价大幅降低，似乎金融危机已经严重影响到葡萄酒业的发展；而右岸葡萄酒却大幅上涨表现出对自己的葡萄酒市场的一片乐观的景象，当然一切以市场响应为检验标准，市场反响还有待于时间的检验。无论情况如何，大盘商及经销的利益并没有缩水（实际的市场利润并没有变化）。市场价格每年以超过 10%—30% 的比例升值并未出现大的波动。

总体来看，葡萄酒价格呈不断走高态势，波动性不大。一方面因为葡萄酒的品质还会不断提高，另一方面因为好酒每年产量有限，喝一瓶少一瓶，再加上 2000 年以来，来自中国、俄罗斯等新兴市场的买家对葡萄酒兴趣渐浓，投资加大，更使得供不应求。

名庄葡萄酒期酒的价格是由酒庄根据年份及自己对市场的判断定出。不过，葡萄酒的价值高低在市场走势上很大程度上受到评酒家影响，评级的一点变动，都可能使酒价波动。尤其是美国人罗伯特·帕克（Robert Parker），首创了葡萄酒的百分评级标准，在业内地位非凡。

中国将葡萄酒作为投资品的投资方式

直接购买葡萄酒进行投资的投资人多数是以自己享用为主，因为交易的机会和复杂性使得在家存酒的葡萄酒投资变现机会太小。投资者可通过购买相关信托或基金的方式投资葡萄酒。这一投资方式投资门槛较高。

葡萄酒基金则主要通过专业人士进行葡萄酒期酒和现酒的投资，他们的资源配置能够完成这样的工作。但门槛同样较高，一般针对机构投资者和私人客户发售。

葡萄酒基金通常的做法是，在每年的一二月份期酒品尝期前发行。基金多为将投资和收藏结合在一起，客户可以按喜好选择出售获利或是收藏享用。

客户在投资葡萄酒基金后，在基金会设定的封闭期内不能赎回。第一年将面临投资封闭期。基金挑选的标准一般是产于波尔多、勃艮地等著名产酒地区，因为 Liv–Ex100 指数显示，这两个地区的葡萄酒占据了超过 93% 的期酒交易。

著名葡萄酒评论家罗伯特·帕克创办的名为《葡萄酒爱好者》的杂志，打分在 95 分至 100 分之间的优质葡萄酒常常是基金的主打。经过封闭期后，投资者在每个季度都会有一次选择抛售的机会。如果客户认为已经获得适当收益，可以通过基金委托拍卖行将名下葡萄酒进行拍卖；也可以选择继续持有收藏，由基金委托酒庄和专业葡萄酒机构收藏保管。除了能够选择葡萄酒抛售时机外，投资者还能选择是否享用所投资的葡萄酒。无论投资者需要在何种场合下与家人、朋友或事业伙伴一同分享名下的葡萄酒，都可以通过提前预约的方式，由基金运达并安排品尝。不过这种方式目前在中国不是很适用。

通过酒商进行投资灵活性较强。重点是：资源能够做到完成这样一项投资（这个酒商的购买能力，期酒及现酒的能力，管理能力，标的物的转化能力）。

流程通常是：投资人填写申请表—将资金汇入托管账号（当然，要事先谈好汇率）—购买确认（酒商购买期酒或者现酒）—国外或者保税仓库寄存单—酒商将投资凭证交付投资人—封闭期后自由转换标的物或者再行加码投资—酒商卖出所得并汇入投资人指定账号。

就投资而言，没有比葡萄酒基金更有趣、更有保障的产品了，不过它不像股票或其他投资容易参与。只有拥有资源你才拥有入场券。

个人建议：就法国葡萄酒而言，大家认识多的是波尔多，而以波尔多左右岸而言，初识葡萄酒的爱好者可能右岸酒更具亲和力。特别是圣·艾美隆区最佳。超级酒迷这样认为：白马的果香、花香比玛歌更丰富。

如果能八大庄同一年份，相比较而品，那是一件幸事，是一场盛宴，是一次对自己喜好的最好的尝试。

如果将名庄葡萄酒作为投资品又该如何呢？

伊甘宝霉酒是绝对的投资精品

伊甘极品难觅芳踪

葡萄酒元老是投资界永远的热门

葡萄酒新贵也逐渐受到重视

白马精品酒升值势头强劲

名庄葡萄酒价值的秘密

WINE ECONOMY

酒品升值的秘密

如果你要用100万元进行投资，以30年为限，在股票、黄金、珠宝、古玩瓷器、名家画作和葡萄酒中任选一项，哪一种选择会带来最高收益？也许有人会猜是黄金，也有人会毫不犹豫地选择股票，但事实证明，最值得选择的是葡萄酒！这个结论可不是杜撰的，是英国酒商Magnum Fine Wine就6种投资品由1975年至今的投资回报累积表现的统计结果。

在这里，我们将要讨论的是葡萄酒投资的话题。放眼全球，葡萄酒投资在欧美市场早就不是新鲜事了，不仅有经常性的葡萄酒拍卖活动，还有专业的葡萄酒投资基金，更发展出了衡量葡萄酒投资行情的live-ex指数。葡萄酒显然已经是一个非常重要的投资品！当然，并不是所有的葡萄酒都值得投资，只有那些位居顶峰的名庄酒才具有升值的能力。如图1所示，每年的名庄酒价格都在上扬，升值趋势显著。如将于2011年装瓶上市的2009年期酒，其价格竟然达到了500—900欧元/瓶的水平。

一种消费品，为什么能够成为投资品？原因很简单，就在于它是否能满足“需求巨大、供给不足”这个基础条件。换言之，需求是真实巨大的，供给是稳定稀缺的，那这种消费品一定具备长久的投资潜力，就像当前如日中天的房地产一样。名庄酒，显然也符合这样的条件：需求不断膨胀，产量持续稀缺。相信很多人都已经看到了，葡萄酒的投资价值在中国已经初露峥嵘。但需要格外强调的是，葡萄酒现在的投资价值是在中国消费需求还没有充分表现的背景下的反映，假以时日的话，葡萄酒的投资价值恐怕是难以估量的。

“坚硬”的供给

难得一遇的“风土”

葡萄可以生长在很多地方，但酿酒葡萄却不能“随遇而安”，必须要在很特别的地方才行。曾经在某些场合见过如下字样的话语：“法国葡萄酒得益于肥沃的土壤……”这实在是太幽默了！因为肥沃土壤是产不出优质酿酒葡萄的！去

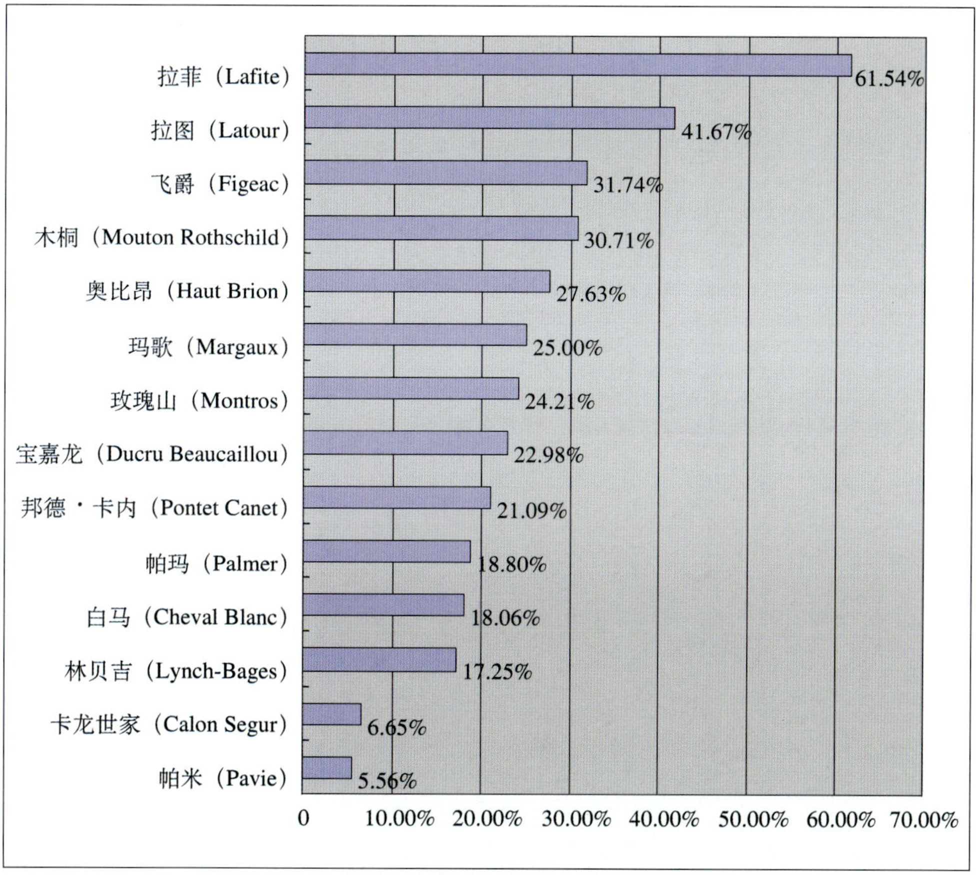

图 1 法国部分投资级葡萄酒的升值率一览

注：数据出自于刘沙、唐勇著：《法国·葡萄酒的盛宴》，上海文化出版社 2008 年版。

过法国波尔多的人都知道，那不是一片肥沃土地，说有点贫瘠倒来得正确一些。恰恰因为这片贫瘠的土地不适合种植庄稼，反而成了法国人的骄傲——酿酒葡萄的生长乐园。玛歌（Margaux）总经理兼首席酿酒师 Paul Pontallier 曾经感叹："我从不介意和别人分享我们的酿酒技艺，即使学去了技艺，却带不走我们的风土 (Terroir)。那才是我们的 DNA，我们的秘密。"

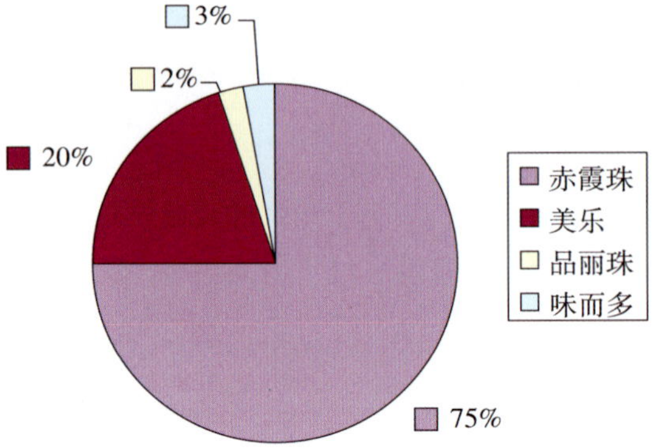

图 2 玛歌（Margaux）酒庄红葡萄种类

注：数据来自于麦萃才著:《法国波尔多·红酒品鉴与投资》，上海科学技术出版社 2008 年版。

土质的贫瘠限制了葡萄的产量，却因而加强了葡萄的颜色与香气。波尔多土壤的构造主要有沙砾、石灰质土壤和黏土三种。沙砾主要位于左岸，容易贮存热量，是赤霞珠的理想生长地。石灰质土壤主要位于右岸，相对比较热，是品丽珠和美乐的理想生长地。黏质土壤也在右岸，凉爽而潮湿，同样是美乐的理想生长地。

从纬度上讲，适合葡萄酒生长的区域应在纬度 38°—53°之间，“全球三大品酒师”之一的杰西丝·罗宾逊女士在《世界葡萄酒地图》一书中更是明确指出，北纬 44°是酿酒葡萄的最佳产区纬度。法国波尔多恰好在北纬 44°。中国烟台拥有中国唯一的“国际葡萄酒城市”的美称，但实际上烟台位于北纬 36°—38°之间，如果能再偏北 7 个纬度，就更好了。

再讲气候，尤其是温度、日照、湿度这三大因素。波尔多的春季雨多，夏季炎热，秋季干爽，冬季极短，而一年中的大多时候湿度都比较大。正是这些独特因素的存在，才保证了波尔多酿酒葡萄的优秀品质。相形之下，我们的新疆则日照显得过于充足，而且温差偏大，

波尔多气候档案

气候类型： 温带海洋

年均降雨量： 900—1200mm

年均气温： 13.3° C

年均日照时长： 1990 小时

湿度不够；著名的美国加州地区，日照时间同样也是过长。所以，这两个地方生产的葡萄始终达不到波尔多葡萄的水平，酿制成酒后的口感自然差异不小。波尔多酿酒大师们常说“这里的土地是世界上独一无二的，上帝把最适合葡萄生长的土地留在了这里”，这无疑是法国葡萄酒品质之谜的最好回答。

而在波尔多，“风土”的影响同样是令人震惊。因此，即便是两个相邻的葡萄园，也会由于“风土”上的微小差异而导致酒质不同，而正因为这小小的不同，名庄就从众多酒庄中脱颖而出。

仅“风土”一项，波尔多就奠定了葡萄酒世界的至尊地位。同时，也正是因为“风土”的限制，只有数量有限的区域才能产出真正高品质的酿酒葡萄——产量有限的问题就出现了，这就意味着酒品产量的有限。具体到每一个酒庄上，种植面积有限的情况就更为明显了。波尔多地区目前共有 11 万公顷葡萄园，却有 1.2 万家酒厂，每家平均种植面积不过 9 公顷左右。图 3 为法国八大酒庄的种植面积，其中面积最大的奥比昂（Haut-Brion）酒庄也不过 100 公顷多一点。

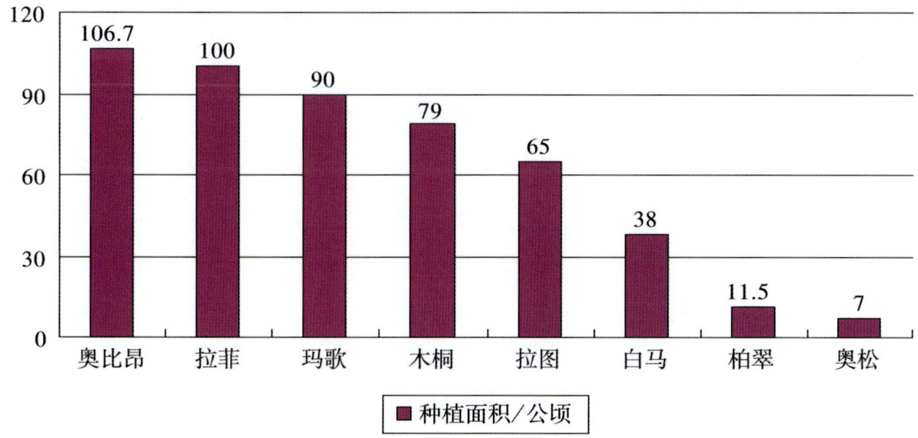

图 3　法国八大葡萄酒庄的种植面积

注：数据来自于麦萃才著：《法国波尔多·红酒品鉴与投资》，上海科学技术出版社 2008 年版，从书中各个章节中“酒庄小档案”部分汇集而得。

显然，独特的“风土”因素，是导致名庄酒供给有限的最主要原因。

精挑细选的“颗粒”

一旦成为名酒庄，保持酒品质量自然就成了酒庄的重中之重。因此，酒庄对葡萄原料的苛刻是很多人难以想像的，一旦葡萄达不到要求，哪怕减少产量甚至停产也在所不惜。葡萄园首先会对采摘下的葡萄进行分级，而在送压榨前还要被更高级的工人进行二次筛选，目的就是确保被压榨的每粒葡萄都能满足高品质的要求。但是还有一些相当量的葡萄不能满足要求，怎么办？葡萄酒分级制度就出现了，酒庄会根据原料和酿造的不同把葡萄酒划分为正牌酒（First Wine）和副牌酒 (Second Wine)，甚至还会有三牌酒（Third Wine）。符合条件的最上等葡萄会被用于酿造正牌酒，次等的葡萄则用于酿造副牌酒，有的酒庄甚至干脆就把次等葡萄卖掉。而如果所有的葡萄都达不到优等的要求，就只好不出产正牌酒了。这种情况在过去曾经真实的发生过：1991 年，霜冻导致柏翠（Petrus）酒庄的葡萄质量不佳，柏翠（Petrus）酒庄则决定当年不仅不酿正牌酒，连副牌酒也不酿，所产葡萄全被丢弃或转卖。同年的白马庄也没有酿制任何一瓶正牌酒，而是将葡萄全部酿制为副牌酒。在这严格的层层筛选之下，真正能够通过检验而用于酿制正牌酒的葡萄数量是相当有限的，加之固定种植面积的限制，各大名庄的正牌酒产量常年维持在较低水平。图 4 是法国八大酒庄年产正牌酒的数量。

另外一个重要的影响因素是树龄。通常，波尔多酒庄平均每 70 年换一次树，但新栽种的葡萄树所产的葡萄是不能用于酿酒的。一般来说，树龄 5 年以上葡萄树所产的葡萄可用于酿造基本级酒，树龄 10 年以上的可酿制高级酒，树龄 18 年以上的可酿制酒庄副牌，只有树龄 35 年以上的方能用于酿制正牌酒。这就意味着，每年总有一批葡萄是不能拿来酿正牌酒的，这就进一步限制了正牌酒的产量。而且，往往一瓶正牌酒至少要消耗 2—3 株葡萄树的葡萄量。与此相应的是，许多新世界产区的顶级葡萄酒，1 瓶酒通常只需要 1 株葡萄树的葡萄。

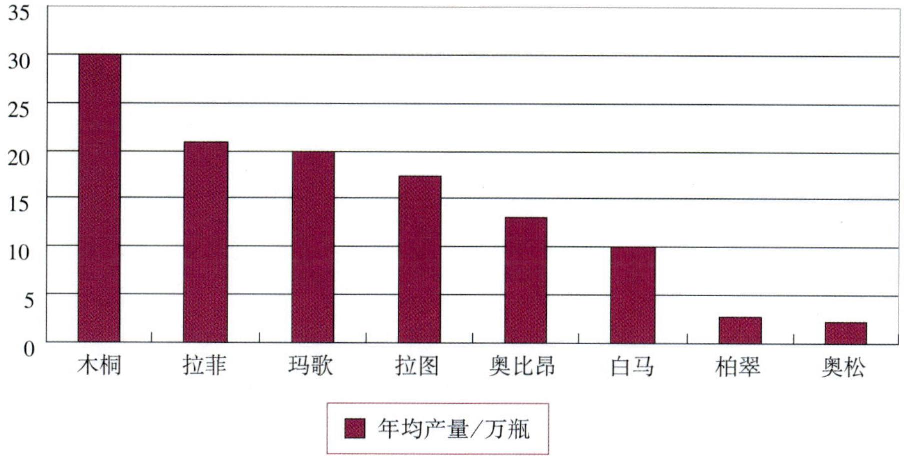

图 4　法国八大酒庄正牌酒年产量

注：数据来自于麦萃才著：《法国波尔多·红酒品鉴与投资》，上海科学技术出版社 2008 年版，从书中各个章节中“酒庄小档案”部分汇集而得。

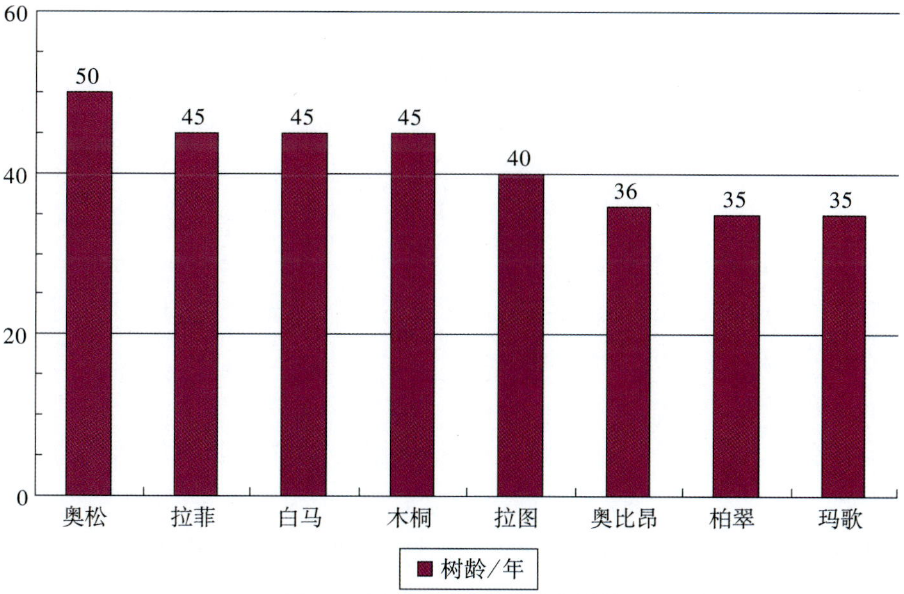

图 5　法国八大酒庄的平均树龄

注：数据来自于麦萃才著：《法国波尔多·红酒品鉴与投资》，上海科学技术出版社 2008 年版，从书中各个章节中“酒庄小档案”部分汇集而得。

对于葡萄“颗粒”近乎苛刻的要求，就成了名庄酒供给有限的另一个重要原因。

严格法律的保障：AOC 制度

葡萄酒供给的“坚硬性”不仅缘于酒庄的自律，更在于政府的严格监管。在利益至上的市场竞争中，任何行业都会面临巨大的道德风险问题。有一个著名的经济定律叫做“劣币驱逐良币”：如果成色不好的货币进入市场后与成色足的货币拥有相同的购买力，那市场的买卖人就会把成色足的货币藏起来，用成色不足的货币去交易，渐渐地，市场上就很难看见成色十足的货币了。同样地，在葡萄酒市场上，如果酿造出高质量的葡萄酒和低质量的葡萄酒卖出一样的好价格，那么高质量葡萄酒就会渐渐从市场上消失。法国葡萄酒在 20 世纪初也经历过制假泛滥的考验。当时，法国的葡萄酒产区受根瘤蚜危机的影响，出现了许多质次价高的葡萄酒，“劣币驱逐良币”的规律使许多酒庄主无法独善其身。

祸兮福所倚。这场葡萄酒的质量危机，恰恰又刺激了葡萄酒行业监管制度的发展，各国葡萄酒行业都值得借鉴的法国原产地监管制度就此诞生。1899 年，法国颁布一项涉及海关进口的法令，要求尊重葡萄酒的原产地：所有进口到法国的外国葡萄酒必须在其容器上标明出产地。1919 年的法令则把法国葡萄酒生产带入了产地司法限制时代，要求“对于任何直接或间接触犯原产地法令者，将给予严厉法律制裁”。1923 年，福地亚酒庄（Chateau Fortia）的主人利莱男爵（Baron Le Roy）为提高该地区的葡萄酒品质专门制定了葡萄酒规则，对种植葡萄品种、产量及最低酒精含量等作出了规定。这可以说是法定原产区制度（AOC 制度）的前奏。

1935 年，对后世具有深远影响力的法国法定原产地制度（AOC 制度）终于出台。法国农业部门以新教皇城堡产区葡萄酒规则为基础，订立了法定产区葡萄酒法规。这一法规涵盖了葡萄酒酿造过程的所有重要环节，规定了从土壤到标签的每一个细节，这项法规一直沿用至今。在这一制度中，核心是解决了“什么是好酒、什么地方及怎样生产的酒才是顶级葡萄酒”的问题。根据这一制度，法国葡萄酒被分成四个级别，等级最高的是法定产区葡萄酒 AOC，依次递减还有 3 个，如图 6 所示。

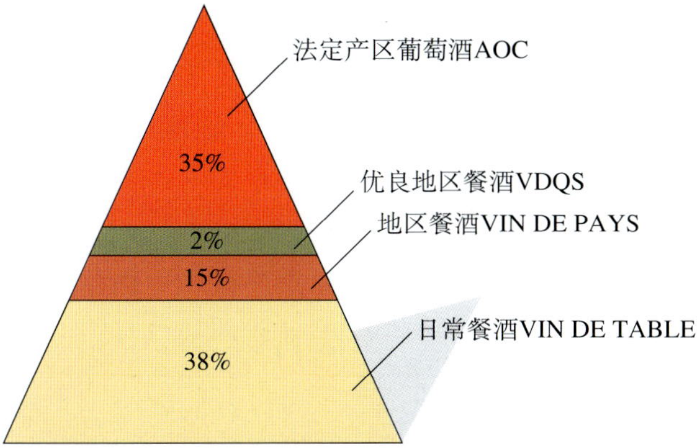

图 6　法国葡萄酒等级

无可否认，这是一个非常细致的制度，细致到涵盖葡萄酒酿制的每一环节，细致到会为每个产区划分单独的标准，甚至会为每个酒庄划分一个标准。表 1 为梅多克产地设定的 AOC 标准。

表 1　梅多克原产地制度（1936 年）

产区地域	Blanquefort, Le Taillan, Cissac, Cantenac……等 26 个村庄，但不含河流新冲积的土壤以及表面覆有砂土的不渗水层的土壤地区
葡萄的品种	Cabernet Sauvignon Cabernet Franc Merlot Petit Verdot Melbec
葡萄汁含糖量	≥ 170g/L
酒精度	10%—12.5%
单位产量	≤ 4800L/ 公顷

不仅 AOC 级别的要求很严格，其他的三级酒制度也十分详细和严格。比如，地区餐酒和日常餐酒所使用的葡萄酒汁可以勾兑，但是地区餐酒（VDP）只能用本产区内的葡萄汁勾兑，不能将不同产区的葡萄混用。而日常餐酒（VT）可以用不同产区的葡萄汁勾兑，但是必须是法国葡萄汁。需要注意的是，允许勾兑的仅仅是葡萄汁，而不是葡萄酒。至于葡萄酒的勾兑，则几乎是被禁止的，仅仅在极有限的条件下才可以。

严格监管的结果是增产葡萄酒变得极为困难。如果某个酒庄希望增加葡萄种植面积，有没有可能性？可能性是有的，但必须经过极为复杂的审批程序。如果有人私自增产怎么办？答案：后果很严重。私自增加种植面积或单位面积产量，一旦被监管部门发现，酒庄负责人和酿酒师不仅要上法庭还要赔钱，更重要的是这意味着酒庄声誉就此毁于一旦！可以这样评价：法国原产地制度有效保障了法国葡萄酒的品质，最终实现了法国葡萄酒坚硬的“供给”状态。

“膨胀”的需求

名庄酒产量的坚硬，看来是不能随便改变了。但是，与产量相对应的消费需求，却在持续不断增长着：名庄酒早已不是欧美国家的专利，新兴国家的人们“煮酒论英雄”，意欲从稀缺酒品资源分享一杯的不在少数。如亚洲经济起飞较早的日本、韩国、新加坡、中国香港等国家和地区，波尔多葡萄酒已不仅令富豪们钟情不已，中产阶级也兴起了“葡萄美酒夜光杯”的饮用风尚。进入 21 世纪后，“金砖四国”、“展望五国”这些发展中国家崛起之势则来得更为迅猛，这些新兴国家人口占了世界的一半，其中孕育的富裕群体更是庞大惊人，他们对于葡萄酒的消费渴求，使得供不应求的局面进一步加剧了。

作为新兴国家的代表之一，中国在短短的几年时间里就已经形成了数百亿元的葡萄酒市场，虽然人均的饮用量还比较少，但需求总量已足以撼动并不庞大的国际葡萄酒市场。据国际葡萄酒及烈酒展览会近日在北京发布的数据显示，中国已成为世界葡萄酒第八大消费国。预计到 2013 年，中国将成为世界第七大消费市场，年消费葡萄酒将超过 12 亿瓶。虽然中国的葡萄酒市场尚处于起步阶段，但可以预见的是，在消费升级和人口结构两大因素的影响下，中国对名庄酒的需求将会迅速膨胀，随之带来的将是葡萄酒价格的大幅攀升。

消费升级：润物细无声

10 年前，国人对葡萄酒的关注显然是不足的，而今，葡萄酒几乎成了最热门的话题之一。是什么在背后悄悄地改变人们的关注点？答案是：消费升级。那么什么是消费升级？让我们用历史的变化作一个简单梳理：

20 世纪 80 年代“三大件”：自行车、缝纫机、手表；

20 世纪 90 年代“三大件”：彩电、冰箱、录音机；

21 世纪“三大件”：电脑、车子、房子。

这就是消费升级的形象展示，随着收入水平的不断提升，人们的消费对象也在不断地变化。而这种变化呈现的是一种消费层次不断升高的态势，所以就叫做消费升级。一般来说，消费升级会从结构和品质两个角度不断提升，如图 7 所示。如果只考虑消费结构的话，升级的路径通常是：衣食、用、住、行、教育、健康、休闲……

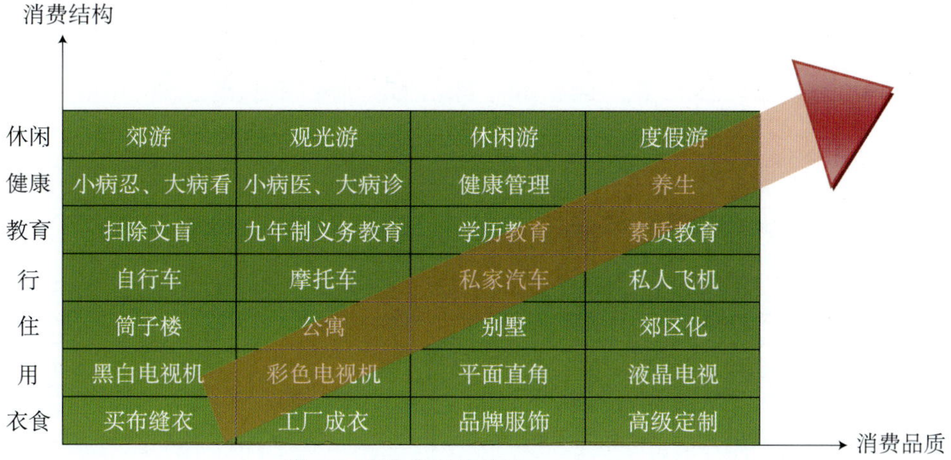

图 7 消费升级结构图

通常，一国人均 GDP 达到 1000 美元意味着衣食消费（就是所谓的温饱消费）基本得以实现，升级就开始了。而一旦人均 GDP 达到 3000 美元，消费升级会由于收入水平的显著提升而进入快速发展阶段。世界各国无不按此规律发展。以我国为例，国人在 20 世纪 80 年代完成衣食消费后，于 90 年代开始消费以家用电器为代表的“用”，90 年代末期转向消费以房子为代表的“住”，2003 年后开始消费以汽车为代表的“行”，这两个核心消费品估计还要持续一段时间，也就解释了为什么富豪榜上地产商很多，也可以解释为什么 2009 年汽车产销量全球居首……按照图 7 所指示的路径往前看，相信“健康”很快就会变成国人的核心消费品。葡萄酒作为历史悠久的保健饮品，势必将越来越受国人青睐。事实上，相信很多人已经悄然发现身边的葡萄酒开始占据超市越来越多的货架，葡萄酒类书籍也让人目不暇接，葡萄酒正在渐渐融入日常生活。图 8 反映了近来国内葡萄酒进口飞速增长的态势。

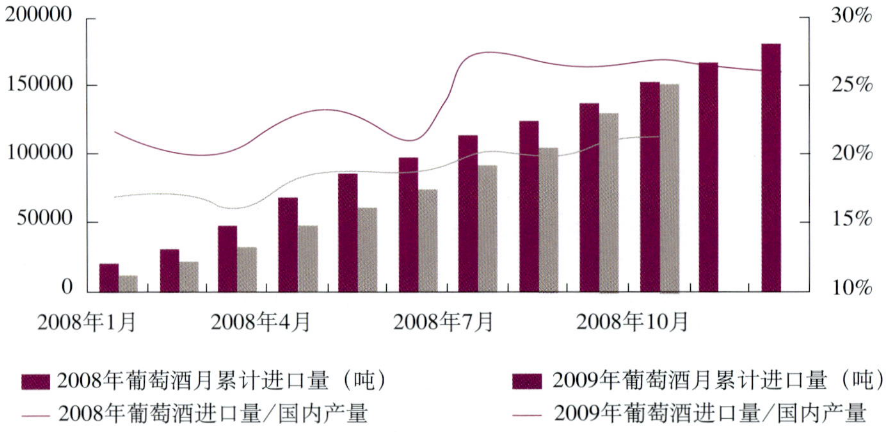

图 8　葡萄酒月累计进口量及其市场份额比较图

注：资料来源于中国酒类流通协会。

图 9 是我国 GDP 增速与葡萄酒销量增速的比较图。从图中，我们看到在 2006 年后，葡萄酒的销量进入骤增阶段，远远超出了 GDP 的增速，葡萄酒市场前景可观。

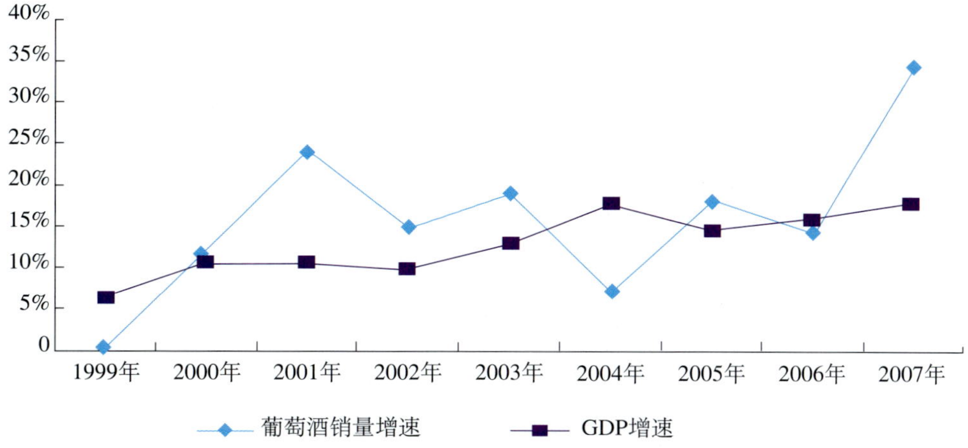

图 9 葡萄酒销量与 GDP 增速

注：资料来源于中国酒类流通协会。

再来看看亚洲其他国家的经验。日本与韩国分别于 20 世纪八九十年代兴起了饮用葡萄酒的热潮，当时他们的人均 GDP 差不多是 1 万美元左右。2009 年，中国已有 11 个大城市进入人均 1 万美元的时代，人口数量跟日本总人口相差无几。所以，我们有理由相信一轮葡萄酒热即将席卷这些中大型城市。对于已经跨越到新一消费阶段的高端富裕人士来说，名庄酒更是由于其在消费品质层次的精湛和消费结构层次中孕育的独特文化魅力成为他们离不开的极品。图 10 显示了中国葡萄酒消费的巨大潜力（见图 10）。

虽说消费升级的趋势说明葡萄酒的前景非常好，但如果消费者数量有限的话，市场空间可能就没有那么乐观了。在发达国家，一些行业恰恰是由于消费者群体越来越少而日渐萎缩。那么中国的情况如何呢？让我们接下去讨论。

人口结构：酒中自有养生诀

谈到中国人口，相信很多人的第一反应都是关于总量的——人口十分众多！这当然是正确的，但在这里我们想说的是，在总量庞大的同时，中国人口还有一个很不一样的地方，那就是中国有一个很特别的人口结构。而这个特别的人口结构同样也会对葡萄酒市场产生非常重大的影响。

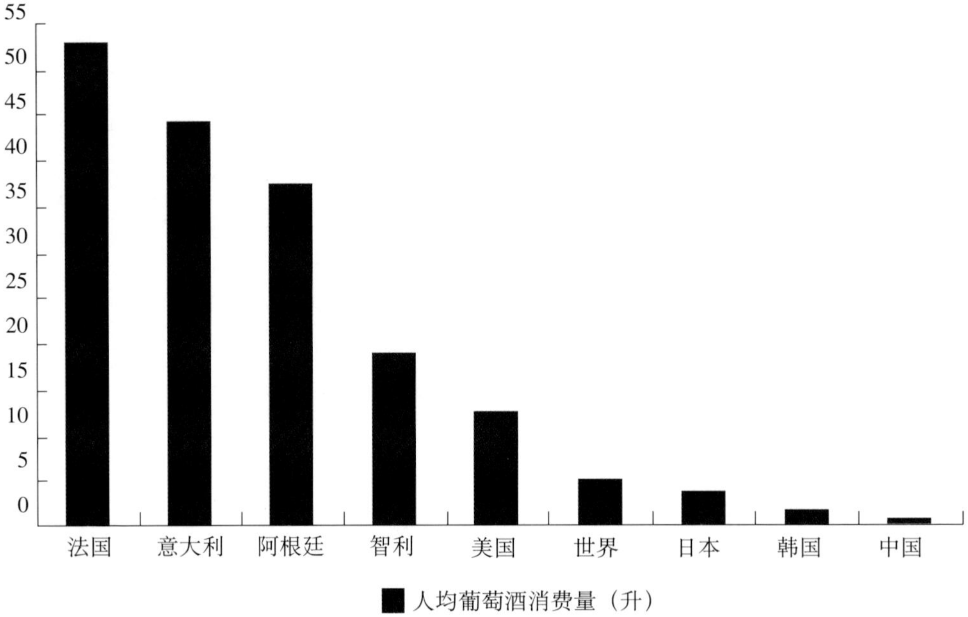

图 10　世界各国人均葡萄酒消费量

注：资料来源于中国酿酒工业协会。

观察很多发达国家的情况可以发现，他们的人口通常没有什么结构方面的特征——人口出生水平几十年来呈现平稳降低的态势。但说到中国，情况就大大不同了，人口变化的结构性特点非常突出——人口出生水平大幅波动，并累积形成著名的三次人口高峰：即 1950—1958 年的第一次高峰，1963—1974 年的第二次高峰，1987—1990 年的第三次高峰。其中，第二次人口高峰持续时间最长，出生人口最多，10 年来出生人口共达 3 亿人左右，这些人最年轻的接近 40 岁，最年长的已近半百。虽然他们现在的年龄还远称不上大，但他们正在不断地老去，当时光推进到 2013 年，就意味着每一年都会有超过 2000 万人迈过 50 岁这道门槛，直到这 3 亿人都进入中老年行列之后，这一进程才会减缓（见图 11）。显而易见，从人生角度看，他们的消费关注点也将不得不向"健康"这一消费品转移！值得一提的是，中老年人口健康的第一大杀手是心脑血管疾病，而绝大多数酒类饮品都会对心脑血管产生负面影响，葡萄酒却恰恰相反。

适量饮用葡萄酒不仅对身体没有害处，还拥有不可替代的积极功效，长期饮用甚至可以防治此类疾病。不出意外的话，有饮酒习惯的人士将会逐渐转而饮用葡萄酒，而没有饮酒习惯的人士则需要慢慢学会饮用葡萄酒。而且，人们一旦开始喜欢葡萄酒，就往往会发展成终身消费者。简单地说，中国特有的人口结构将从 2013 年开始为葡萄酒市场提供一个极为庞大的消费者群体。

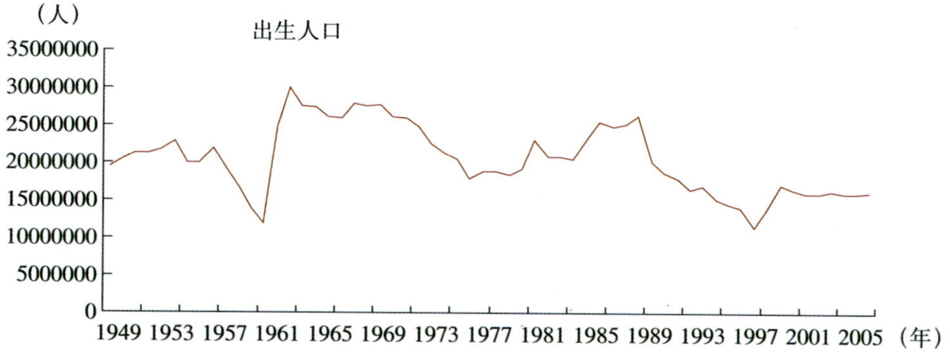

图 11　中国 1949—2005 年出生人口数量

另外，我们还要关注一个颇为有名的生命周期现象：人在不同年龄阶段的消费能力和偏好是不同的，而消费的高峰在 35—54 岁这一年龄段。我国目前的消费主力人群显然是第二高峰群体，他们中的多数正处于这一黄金消费期，既有消费的实力，也有消费的欲望。胡润中国富豪排行榜的统计数据正好说明了这一点：我国亿万富翁的平均年龄为 43 岁，千万富翁的平均年龄为 39 岁，显然第二高峰群体占据着富裕人士的主体。在这个角度上，我们看到的是名庄酒的未来，日渐庞大的富裕群体显然会更多地将目光放在名庄酒上。

投资美酒最安心

消费升级告诉我们，国人在未来会出于健康的原因而日渐倾向葡萄酒；人口结构告诉我们，不久之后把葡萄酒纳入自己视野的消费者将会急剧增加。所以，两大因素的叠加共同结果是我国的葡萄酒需求将以前所未有的膨胀态势发展下去。不断膨胀的需求冲击着坚硬的供给，葡萄酒中的高端部分将不可避免地在中国发展成一种投资品，如同今天的海外市场一样。在海外，名庄酒成为一种投资品已是不争的事实。当然，名庄酒投资的日益火爆，绝不仅仅在于酒品本身的新奇，更在于它的投资属性在很多方面都远远的优于其他投资品，是一项可以让投资人安心的资产。

“液体黄金”的风险与收益

人们将名庄酒比作“液体黄金”，不仅因为名庄酒是身份和品位的象征，更在于名庄酒能像黄金一样给投资人带来长期的保值增值效果。名庄酒增值可以分为“自然增值”与“市场增值”两个部分，前者指的是波尔多等知名产地的葡萄酒价值每年都会有 6%—15% 的稳步增长，而后者则与股票类似，酒品价格会由于供求变化及市场“炒作”等原因而上升。世界上最权威的葡萄酒价格指数“伦敦 Liv-ex 佳酿指数”显示，在进入 21 世纪的头 10 年里，成分酒品的价格加权值增长率高达 178.3%（见图 12），也就是说，若 10 年前购买到“liv-ex 指数”所包含的那些酒品，如今的价值至少是原来的 2.8 倍。而如果买到手的是其中升值最快的那几款，那么就有可能赚上数十倍。

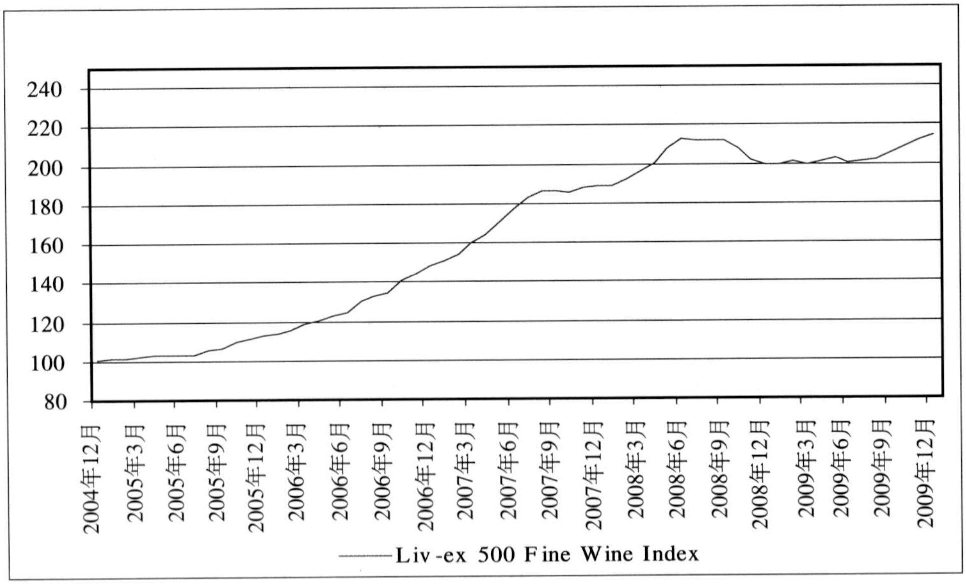

图 12

近10年来，伦敦市场上的其他投资品的表现都难以同葡萄酒的178.3%媲美，如英国富时指数的增长率为-17.5%，艺术品的“Art-Price指数”增长率为9.1%，珍品邮票“吉本斯指数”增长率为60.9%，房产“FT指数”增长率为118.2%……另据《华尔街日报》“投资回报”专栏作家布雷特·阿伦兹2009年6月10日发表的专栏文章，如果你在8年前投资10万美元搜罗了入编“Liv-ex 100指数”的精品葡萄酒，按其11%的年回报率，如今的价值已高达23万美元；如果把同样多的钱投到华尔街，现在的市值就只有10.9万美元；如果投资中期政府债券，也只不过是15万美元左右。若如果把目光转到新兴市场国家，由于名庄酒的进口数量有限，过于明显的稀缺性导致名庄酒被炒成“天价”，某些知名度颇高的酒品年升值率往往能达到20%甚至更高。

其实，这项投资的优势不仅在于高收益，还在于它同时具有和债券投资一样的稳定性。在此，我们有必要先来解释一个投资学中非常重要的概念——风险，即在投资过程中本金亏损的可能性。风险越大，投资者就越有可能在投资过程中出现负收益的情况——赔钱。从Liv-ex 500走势图上可以看出名庄酒价格稳定的上涨趋势，曲线的波动幅度极小，负收益的情形也很少出现。即使在这一轮全球金融危机期间，葡萄酒的价格也只出现了小幅微跌，如2008年下半年的几个月中，指数大概下跌了6%左右，但随后又展开了一轮较大的升趋，因此，2008年全年仍然实现了6%的涨幅。也就是说，近十多年来Liv-ex 500指数的年涨幅都是正数。值得一提的是，由于国内市场的稀缺性，并且金融危机对中国的影响相对较弱，高端酒品的国内价格则是不断屡创新高，历史数据的统计结果显示它们在中国还没有出现过遭受损失的情况，表2几款投资级酒的国内价格走势可见一斑。

表 2　　法国波尔多顶级酒庄的国内酒价走势（每瓶）

品牌	年份	期酒价格（人民币）	2009 年末价格（人民币）	总涨幅	年均收益
玛歌（Margaux）	2005	4000	12100	202%	51%
拉菲（Lafite）	2005	3100	10300	232%	58%
木桐（Mouton）	2005	3520	7800	121.6%	30.4%
白马（Cheval Blanc）	2005	4000	11000	175%	43.7%

注：数据由各酒商报价整理，其中期酒价格均按当时汇率折算。

至于每年收益的波动性，我们可以通过图 13 直观地看出，代表葡萄酒价格的 Liv-ex 500 指数每年都会有一个稳稳的正向收益。为了更好地理解葡萄酒投资的安全性，我们还可以看一下图中葡萄酒指数与中国国债指数的收益率比较情况。显然，我们可以看到即使是国债投资偶尔也会出现负收益的情况，而那时葡萄酒却仍然继续在悄悄地升值。所以，通常认为葡萄酒投资具有堪与国债投资相比的安全性。

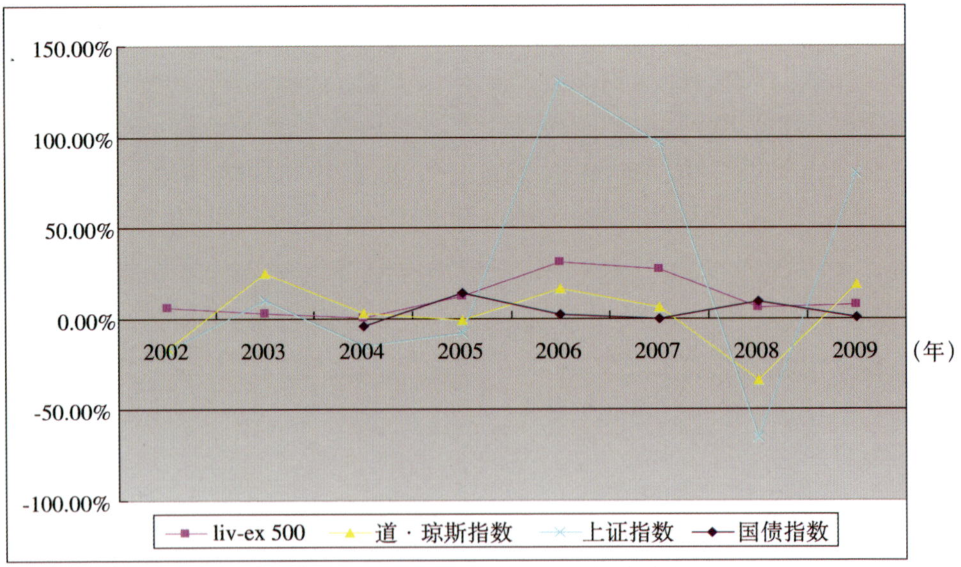

图 13　liv-ex 500 指数与股票指数对比

注：资料来源于 WIND 数据库。

而如果把葡萄酒指数与证券指数做一个更细致的对比，相信很多人会产生更为深刻的印象。从图 13 中可以发现，无论是代表成熟资本市场的道·琼斯指数还是代表新兴国家资本市场的上证指数的年度变化幅度都非常剧烈，尤其上证指数更是呈现出大起大落的状态。如此幅度的正负收益交替，对于任何一个投资人来说都是一种痛苦的心理折磨。反观葡萄酒投资，其每年平均近 12% 的正收益（国际价格）不能不让投资者为之心动。究其原因，在于证券市场既与实体产业挂钩，又与宏观经济面相关。持有一只股票，当公司的经营业绩不佳或公司行业走向衰落，股票的价值会随之下降，投资者将不得不经常性的遇到此类风险——即所谓的非系统性风险。而如果公司本身没有问题，但宏观经济走势出现严重问题时，整个市场都会出现严重的价值下降，投资者又要不得不面对一个更为巨大且基础的风险——即所谓的系统性风险。加上投资者本身心理弱点对于风险的放大作用，资本市场投资的风险显然是比较巨大的。而就名庄酒来说，其稳定的稀缺性以及持续的消费性特点，使得名庄酒现酒只能位居高端消费领域，受经济周期的影响非常有限。加上名庄酒始终存在存世酒品不断被消耗的递减特征，在强大的消费需求追逐下，即便面临不利局面，也难以出现价格大幅下跌的情况。举一个类似的例子，大家都相信 50 年茅台只会越来越少，所以只会越来越贵，这与名庄葡萄酒的情况大同小异。

资产配置中的葡萄酒投资

一般来说，在经济处于常态时，大多数投资品都处于稳定升值的状态，即使个别投资品存在由于自身情况变化而出现大幅亏损的问题，投资者也完全可以通过购买多个不同类型产品的方法来应对这种风险——即使少数资产的价值出现下跌，其他资产的上涨完全可以弥补损失的部分。最终的结果是，投资者仍然可以获得比较好的投资回报。

但是，如果经济运行到了很明显的非正常状态时，这种简单的分散投资，恐怕也难以避免资产的大规模损失。最典型的情况莫过于出现经济危机后，宏观经济整体呈现下跌的态势时，几乎所有的投资品都会开始贬值。这种情况就是上文提到的系统性风险问题。无论国内外，经济周期都是一个不可回避的现象，同任何事物一样，人类社会的经济始终处于螺旋上升的状态，虽长期看好，中短期内却不得不经常面对暂时向下的危机。当这样的危机来临时，整个经济开始收缩，人们的财富也随着大幅缩水。以2008年为例，受到美国次贷危机的冲击，全球实体经济步入萧条，金融市场自然也就一落千丈，中国也未能独善其身。根据胡润的统计，当年我国个人财富缩水最为严重的是房地产业，碧桂园大股东杨惠妍财富缩水最为明显，一年之内资产蒸发1060.5亿元；而上海房地产大亨许荣茂财富损失460亿元。当然，在本轮经济周期中遭遇严重损失的中小投资者更是不计其数。经济周期的轮回是对投资者智慧的考验，严酷的现实使得投资人不得不思考这样的问题：能不能将持有财富的种类范围进一步扩大，不仅仅可以克服个别资产出现问题的风险，更可以抵御经济周期，在多数资产下挫的情况下剩余部分一定会岿然不动甚至步入上行，从而实现长期稳定的投资效果。显然，如果你做了分散投资，但是这些投资与经济周期一同波动的话，你只能接受这样的结果。反过来，如果你能找到一种跟经济周期没有什么明显关系的投资品，并且大笔投入的话，情况可能就不同了。

目前，中国的投资市场还不发达，国内投资人士可以选择的投资品实在不多。并且中国尚处于创富社会的阶段，高端富裕人士多以实业形式保有财富，中小投资者购买的股票也多是从事实业生产的上市公司，这些投资品具有一个共同的特点：与经济周期高度关联，经济好的时候就升值，经济不好的时候就贬值。似乎很难找到这样的一种资产：在经济稳定时，它能与实业、股票一同保值升值，甚至涨幅会超过普通投资品；当经济形势不佳时，其他的资产虽然在缩水，它却可以不受或少受经济周期的影响，甚至形成一轮与其他投资品相反的走势来。这种投资品真的没有吗？让我们把眼光再次转向葡萄酒，看看它在近几年突变的经济中表现如何。

表3

指数	2007年收益率	2008年收益率	2009年收益率
Liv-ex 500指数	27.43%	5.88%	7.38%
道·琼斯指数	6.43%	-33.84%	18.82%

表3是名庄酒与美国股市的一个整体比较，细心的人一定会发现：葡萄酒投资收益十分稳定，风险很小，几乎不受经济周期的影响。从这个角度讲，葡萄酒投资非常适合那些想降低投资风险的投资者；推广一下，葡萄酒投资其实适合于任何一个希望获取稳健收益的人。可以这样假定一下，如果有人按照Liv-ex500指数来购买名庄酒，他将完全逃过次贷危机这次大劫。当然，可能很少有人只投资葡萄酒，所以让我们再来看看这样的一个对比：如果A投资者仅仅投资于股市，将全部资产都投入到一只指数基金（股票市场）之中，则在2008年会损失惨重，亏损-33.84%；如果B投资者将资金的一半用于投资指数基金（股票市场），而另一半用于购买与葡萄酒指数（liv-ex 500）挂钩的基金，那么在2008年的损失就会大幅降低，因为这个组合可以实现以葡萄酒收益弥补一部分指数基金亏损。当然，在2009年资本市场复苏时，单纯投资股市的投资者可能会收益颇丰，而进行葡萄酒和股市组合投资的投资者的收益会稍逊一筹。无论如何，在资产配置中加入葡萄酒资产，其防患损失的意义要远大于以此获利的意义，对于一项长期投资来说，这是非常重要的一点。

事实上，不论你是哪一类投资者，你都需要在你的资产组合里面添加一些稳健性投资品，葡萄酒就是不错的选择。由于投资实物葡萄酒存在流动性差的问题（也就是说将葡萄酒迅速变现的能力较差），相信非常多的投资者特别希望市场上存在葡萄酒基金，这样就可以轻松地将葡萄酒投资作为资产配置之用了，耐心的读者不妨往下读，相信您会找到答案。由于葡萄酒投资具有收益稳定，波动性小的特征，所以对于不计风险执著于资产大幅增值的激进型投资人，葡萄酒投资可能不是最佳选择；但是它满足在保值基础上稳定增值的投资者的需求，特别是那些已拥有巨额财富，担心财富缩水的高端富裕人士。

葡萄酒投资可谓是高端投资中一项非常有潜力的品种，但国人目前对葡萄酒投资的整体认识还较为陌生，同时，国内便利有效的投资氛围也还没有形成。对于一个新手，如何才能参与其中呢，下面让我们一一道来。

投资亦有道

主题投资：美酒投资的哲学

在真正进行葡萄酒投资之前，我们应该先解决一个投资上的方法论问题，就是说用什么样的策略来选择投资品种和把握投资时机。这是进行任何投资之前都必须要回答的问题。举例来说，如果一个人刚刚踏入证券投资领域，当面对A股市场红绿相间的1600余只股票时，他一定是一脸茫然，到底要买哪只股票呢？显然，解决不了投资策略的问题，投资是难以进行的。同样，投资级葡萄酒也不在少数，仅以波尔多产区的情况来看，梅多克区（Medoc）有61家列级庄，圣埃米隆区（Saint-Emilion）有68家列级庄，格拉芙区（Graves）有15家列级庄，苏玳和巴萨区（Sauterne & Barsac）有28家列级庄，波美侯区（Pomerol）还有近10个极富特色的所谓“车库名庄”，都出产投资级名酒。如果加上其他产区的名庄，法国能产出投资级酒品的酒庄便有数百家。如果再把不同年份的酒品视为不同个体，那么投资级葡萄酒也将是一个非常巨大的投资“资产池”。面临同样数量众多的投资对象，如果能记住并顺利叫出它们的名字已经是很不容易的事情了，而选出最具投资价值的那些可能就是难上加难。表4是入选2010年中期“Liv-ex佳酿投资指数”的24家酒庄列表，每个酒庄均有多个年份酒品入选，最多的甚至达到17个年份。

表4　入选2010年Liv-ex指数的24家酒庄酒品

酒庄	年份数量	酒庄	年份数量
拉菲（Lafite）	17	爱尔图士（d'Estournel）	6
玛歌（Margaux）	16	帕玛（Palmer）	5
柏翠（Petrus）	15	玫瑰山(Montrose)	5

续表

酒庄	年份数量	酒庄	年份数量
木桐（Mouton）	14	拉康斯（Conseillante）	5
拉图（Latour）	14	教会（Mission Haut Brion）	4
奥松（Ausone）	14	碧尚巴顿(Pichon Longueville Baron)	4
奥比昂（Haut-Brion）	14	乐夫普勒((Leoville-Poyferre)	3
白马（Cheval Blanc）	13	拉寇斯(Lacoste)	3
雄狮（Leoville）	8	宝嘉龙(Beaucaillou)	3
帕菲（Pavie）	7	庞特卡内(Pontet-Canet)	2
金钟（Angelus）	6	林贝吉(Lynch-Bages)	2
碧尚拉龙（Pichon Longueville）	6	乐夫巴顿(Leoville-Barton)	2

注：资料来源于 liv-ex 官方网站：http://www.liv-ex.com。

用什么样的投资策略能够让我们拨云见日？让我们还是先回到证券投资领域，找找参照或者借鉴。众所周知，证券投资中有两个非常著名的投资策略：价值投资与趋势投资。所谓价值投资，就是相信价值一定是价格的基础，找到价值被低估的股票并买入，然后通过等待股票价值回归和获取股票分红的方式，来实现长期增值。这种方法放在复杂多变的股票市场里还是有一定意义的，但放到葡萄酒投资中，作用可能就没那么显著了。原因在于，影响葡萄酒价格走势的因素远比影响股票价格的因素来的简单，股票市场里经常出现的错误定价现象在葡萄酒市场里是罕见的。简单地说，你会发现投资级葡萄酒在过去的若干年里一直在稳定的增长，甚至不同酒品的上涨幅度都是近似的，这也就意味着难以找出价格被严重低估的那些酒品。另外，葡萄酒资产是不会有分红的，所以价值投资的作用就不会特别明显。再来看看趋势投资，简单地说就是由于股票市场会经常性和周期性的出现波动，因此，如果能顺势在低点时大量买入，高点时空仓卖出，就能实现非常高的收益。这一策略看起来似乎更为有效一些，但是仔细比较后会发现它的作用仍然不大。让我们看看 liv-ex 指数的情况就清楚了，在过去的数十年里，不管世界风云如何变幻，经济周期如何波动，这条指数一直稳稳地向上攀升，很少出现明显的波动情况，并且波动的幅度也不大。说起来，最剧烈的波动就是 2008 年下半年那几个月的情况了，可是也很快就恢复正常了。所以，根据波动趋势来指导葡萄酒投资看来也不是个好选择。那么，我们还有什么新选择吗？有，那就是近年来新兴的主题投资策略！

主题投资，同样是一种证券投资策略，虽然兴起的时间不长，但已被普遍认为是一种很有效的方法。主题投资的本义是找出驱动经济发展的长期因素，从而在宏观上把握经济运行趋势，在此基础上找出在未来可以实现迅猛发展的行业和个股，并对其进行早期投资。显然，主题投资的核心点在于寻找驱动因素，寻找价值的真正推动力。正是基于这一特征，主题投资可以被运用在葡萄酒投资领域。一般来说，只要成功买入了名庄葡萄酒，酒品的未来升值趋势都是可期的。换句话说，投资名庄葡萄酒通常都能盈利，不管你是什么水平的投资者。显然，这不是投资者的目标所在，相信投资葡萄酒的人都希望能买入价格上升最明显的那些酒品。这样一来，问题就清晰了，既然一种或几种酒品能够表现出比其他酒品更大的涨幅，一定是受到了更大的推动力量，而如果能够找出这些推动力量的话，我们就可以作出更有针对性的投资，投资收益自然就更为可观。如上文所述，寻找背后的推动力量恰恰是主题投资的精华所在。

前面我们已经讨论过，正是由于供给和需求的强烈不对称，才使得名庄葡萄酒发展成一种重要的投资品。再进一步，由于名庄葡萄酒的供给是比较稳定的，那么真正导致供需变化的就只能是在需求一方了。所以，要寻找葡萄酒投资的主题，就必须从需求方——消费角度入手。众所周知，影响消费的因素很多，比如收入水平、消费心理、文化习惯等等。而对于中国范围内的投资，则还应从中国具体情况入手，才能准确地找出投资主题。基于上面的分析，我们认为未来应当被关注的葡萄酒投资主题有如下几个：

消费扩展主题

从“八大”到“十大”：

“八大酒庄”的大名在业界绝对是显赫无比，但在国内，能准确说出“八大酒庄”的人可能就不多了。目前在国内最为知名的当属“拉菲（Lafite）”与“玛歌（Margaux）”了。由于出色的营销定位，在其他名庄还挺着高贵身躯时，拉菲（Lafite）就已打入亚洲市场，20 世纪八九十年代时已风靡韩、日等国以及中国的港、台地区，成为真正意义上的“世界名酒”。而中国大陆地区的葡萄酒市场兴起较晚，自然会参考周边市场的情况，拉菲（Lafite）就顺理成章地成了国人心目中的“一哥”。同样，玛歌（Margaux）也有着一份浓郁的中国情缘。在胡锦涛同志早先以国家副主席的身份访问法国时，曾到玛歌（Margaux）酒庄参观并品尝了 1982 年的玛歌（Margaux）正牌，且赞誉有加，这就使得国人对玛歌（Margaux）的关注也大为增加。所以，拉菲（Lafite）和玛歌（Margaux）的知名度与日俱增，成了国内消费者们饮用的主要对象，价格更是不断拔高。然而，好酒终归有限，以拉菲（Lafite）为例，其年产量不过 20 多万瓶，且要向全世界供应。这么多年下来，相信拉菲（Lafite）向中国的出口数量可能已达极限，相对于越来越多的中国酒客群体，肯定是“不够喝”了。所以，我们有十足的理由相信，用不了多久，与拉菲（Lafite）、玛歌（Margaux）齐名的其他名庄酒会相继在国内崭露头角，并成为消费者的新宠。

在此，我们有必要先扩展一下“八大酒庄”的概念，用“十大核心庄”取而代之。这增加的酒庄是哪两个？首先，我们要知道葡萄酒的真正“头牌”，其实是被誉为“王冠上的钻石”的罗曼尼·康帝（Romanee Conti），位于法国勃艮地（Bourgogne）产区，年均产量 6000 瓶。另外，我们还要知道唯一的一个超一级庄——波尔多苏玳（Sauterne）地区伊甘庄（d'Yquem），出产全世界最好的贵腐甜白酒，平均每 7 株葡萄树才会酿出一瓶酒，年产量不足 10 万瓶。单就一瓶伊甘的酿造成本来说，它高于“八大酒庄酒”中的任何一瓶。国人目前对这瓶金黄的液体尚不熟悉，记得在一次小型品酒会上，伊甘被隆重推出，但人们将信将疑，而亲口品尝后竟目瞪口呆，久久说不出一句话……罗曼尼·康帝（Romanee Conti）、伊甘（d'Yquem）、波尔多“八大”，就构成了法国葡萄酒的“十大核心庄”。

相信随着熟悉的拉菲（Lafite）慢慢不能满足需求时，国人自然会将目光扩展到“十大”中的其他酒品。在一家国内知名的大酒行中，我们看到了这样的情况：在主柜上，拉菲各个年份的酒已然脱销；拉图（Latour）、玛歌（Margaux）的优质年份酒价位也已经达到2万—3万元的高位；同样优质年份的木桐（Mouton）价格略低；而白马（Cheval Blanc）、伊甘（d'Yquem）、奥松（Ausone）却被放在了旁边，虽然几千元的价格标签证明他们非同一般，但显然没有得到足够的尊重。随着葡萄酒文化的普及，“十大”同样也占据中国酒客心中的顶级位置。尤其，“十大”酒质虽然同属顶级，但是毕竟风味各异，崇尚个性的消费者总能在其中找到一款最适合自己的，而不需要所有人都是拉菲（Lafite）或玛歌（Margaux）。相信到了那个时候，奥松（Ausone）、白马（Cheval Blanc）、柏翠（Petrus）等酒一定会取得与拉菲（Lafite）并驾齐驱的地位，这就意味着它们的身价必须来一次大规模的“补涨”。在此，我们的建议是，当您从第一次品味伊甘的震撼中回味过来后，马上要做的应该是多买几瓶，因为很快就不会这么便宜了。同理，如果“十大”中哪一种价格较同年份的拉菲（Lafite）相差很大，那么强烈建议买入！

从“十大”到“百大”

以中国的人口基数，再参照需求的发展速度，相信“十大”用不了多久也会被“喝光”。幸运的是，更多的好酒正在陆续出现在国人的视野，而它们同样面临着一个巨大的升值机会。让我们用日本的情况做一个注解：日本从20世纪80年代开始，迅速进入了高端消费转移的阶段，国内高端人士们争相饮用来自法国的顶级葡萄酒，而当这些酒品开始难以满足需求时，消费者的目光就开始向下扩展，于是品质与“十大”相差不大的其他名酒开始大量进入日本市场，短短20年间日本就进入了全民葡萄酒消费阶段。我们完全相信类似的情况也会在不远的将来在中国出现。届时“十大庄”的酒品可能已经涨至“天价”，但以法国产地为首的更多酒庄酒会出现在中国市场。在此，让我们预测一下什么酒会陆续补充进入国内市场。上文我们提到的“佳酿投资指数”中有24款投资级酒品，除了名列其中的“八大”以外，其他酒品可能知道的人就很少了。事实上，这些酒庄的酒品同样是一流好酒，产于“风土”绝佳之地，再加上酒庄主人长年的精心管理，酒质已与“十大”相距不多。单从饮用角度来看，其实完全不输于“十大”，甚至是性价比更高的替代品。而这类酒的数量就大得多了，比如我们提到的梅多克有（Medoc）61家列级酒庄，除属于“十大”的5个一级庄外，还有56家名庄可供选择。如果加上波尔多其他村庄、勃艮地（Bourgogne）的酒品，还有来自意大利、德国、西班牙的传统名酒，乃至新世界不断涌现的“新秀”酒品，那么，可能足有数百家之多。目前，发达国家是这些“二流”名庄的主要消费者，并且通过市场价格给予这些酒庄很高的肯定，大多数酒品的售价都在“十大庄”酒的10%—50%之间。目前的情况是，这些酒品进入国内的数量十分有限，国人了解得很少，比如56家梅多克（Medoc）二级至五级庄，只有少数几款有进口，如三级庄帕玛（Palmer）、三级庄麒麟（Kirwan）、四级庄龙船（Beychevelle）等。这些酒品虽然暂时知名度不高，但是其前景确实非常美妙。当下，不失为一个很好的买入时机。

文化交融主题

名庄酒满溢着异域文化的底蕴，这是毋庸置疑的。而需要关注的是，如果来自异域的葡萄酒能够与中国传统文化相结合乃至交融，那将是一件很有意思的事情，而对其市场价值的提升作用可能也会是不可限量的。可能有人会说，这方面没有什么问题啊，法国名庄酒代表着一种健康生活方式，是一种品味和身份的象征，并且被赋予了深刻的艺术气息，这显然与中国人追逐葡萄酒的内在想法是一致的，不存在需要逾越的文化“鸿沟”啊！当然，我们肯定这种想法是正确的，也看到了问题的本质。但我们认为在本质之外，某些形式上或细节上的东西可能会带来意想不到的效果，而对于高端消费群体来说，可能正是这些因素在影响着消费者的选择。在这里，我们格外关注的是一个形式上的东西，同时也是一个重要的细节，那就是名字的问题——葡萄酒的中文名。

中国人一向有讨“口彩”的文化传统，一瓶有着好“名字”的法国葡萄酒一定会在国内获得更多的拥趸，那么价值的增长也就自然发生了。名字的好，可能有多种理解，比如好听、好记或者有好内涵，不管是哪一种好法，一定要有一种或两种才好。比如波尔多右岸之王的白马，初听此名，便不禁让人想到了西方童话中风度翩翩的白马王子，听过一次就印象深刻。相信这就是白马在打入国内市场短短几年内便火爆全国的重要因素之一吧。那么，当木桐（Mouton）、奥比昂（Haut-Brion）等传统名称正在被“武当”、“红颜容”这些中国人一听便懂的译名所代替时，我们不得不相信他们已经占得了先机。那么，还有哪些酒庄的名字足以引起我们的关注？让我们一起来领略一下这些有着“好名字”的非“十大”名庄酒（见表5）。

表5　　部分葡萄酒法语酒名与汉译酒名

法语酒名	汉译酒名	等级
Leoville	雄狮	二级
Lascombes	力士金	二级
Ducru-Beaucaillou	宝嘉龙	二级
Montrose	玫瑰山	二级
Kirwan	麒麟	三级
Palmer	宝马（帕玛）	三级
Talbot	大宝	四级
Beychevelle	龙船	四级
Belgrave	百家富	五级

“口彩”只不过是第一步，我们认为名字的价值远不止于此，因为它还可能会和中国文化中更深邃的某些东西相交融。这可能需要我们多花一些工夫去思考和挖掘，下面要讲的内容或许能给大家带来一些启发。

当“白马”来到“2014”

白马？2014？这个标题让您也许有点犯晕吧。那我要告诉您，如果您觉得右岸之王——白马在中国还不够火，那么在2014年它一定会像今天的拉菲（Lafite）一样“火”得“一塌糊涂”。因为2014年是中国的马年！当您送礼给长辈、同事或朋友时，一瓶代表“健康”的“白马”应当是再合适不过了。届时，当您出席各类酒会时，相信如果主人不拿出一瓶优质年份的白马则太说不过去了。可以想像，当大家都需要白马时，相信那就是白马酒价升势如虹的时候。再展望一下，如果白马不够用，那么宝马酒（帕玛（Palmer））也就只好跟着火了！

当“木桐（Mouton）”来到“2015”

木桐（Mouton）跟2015年又有什么关系呢？您是否还记得那瓶拍出天价的2000年“金羊木桐（Mouton）”呢？对，木桐（Mouton）的法国原名“Mouton”是羊！现在，相信大家一定触类旁通，恍然大悟了。没错，2015年是中国的羊年！经过2014年白马的洗礼，一定会有更多的人把目光投注在木桐身上，我们同样相信木桐的价格也会呈现前一年白马气势如虹的态势。而2000年份的“金羊木桐”可能届时就真的贵如黄金了！

收藏价值主题

葡萄酒爱好者中不乏喜好收藏的人士，除了饮用偏好，酒品的收藏意义也往往被他们所关注。对于他们来说，拥有一瓶酒的乐趣不仅在于饮用，实际上，可能那瓶年代久远的酒已经老到不能再喝了，但它却因为曾经某些特别的因素而值得永远珍藏下去。同样源自于消费升级的影响，艺术与收藏正在成为中国富裕人士的关注焦点，收藏需求的持续释放将使得具有收藏价值的酒品变得更为珍贵。而从投资的角度上，依照收藏的主题去寻找酒品，同样是非常有意义的做法。让我们来看几个例子：

一个典型的收藏酒当属木桐庄（Mouton）——葡萄酒界公认的艺术酒标创始者。从1945年开始，木桐庄（Mouton）每年都会选择一位艺术家为其创作一幅专门的作品，作为当年的酒瓶标签，这一独特的做法使得木桐庄（Mouton）的酒品经常会成为收藏家们的追逐对象。有些收藏者甚至为了收藏酒标，会购买每一年的木桐（Mouton）酒。而著名的“裸女”双酒标事件，更使得1993年的木桐（Mouton）酒成为经典。木桐酒庄同样包括着很多中国元素，如1996年和2008年的酒标都是由中国艺术家设计的，提升了其在中国市场的投资地位。下图是两个酒标的图案：

再比如一些有趣的投资组合，如当您凑齐了2000年出产的“八大庄酒”，再向外“打包”出售的话，相信很多人的出价会远远高于每瓶酒的现价简单加总了。按照这一思路，如凑齐某种品牌的连续年份酒集合，优秀年份酒集合，再进行统一出售，都是一种不错的获利方法。比如在2008年，伊甘（d'Yquem）庄向全球发布了120套年份组合套装，每套酒包括了18瓶产自于1934—1982年间较好年份的产酒，具体年份包括：1934年、1935年、1937年、1939年、1940年、1942年、1944年、1946年、1949年、1950年、1953年、1954年、1955年、1967年、1975年、1980年、1981年、1982年。尽管当时金融危机致使全球经济萎靡，但这些完美的组合酒品销售丝毫未受影响，有幸获得这样一套伊甘（d'Yquem）的收藏家或投资者是值得羡慕的。

除了组合投资这一思路，还可以进行酒品的单独投资。比如包装独特的2000年份的木桐（Mouton），命名为“陈逸飞”的德拉图酒庄限量酒等等，都有极高的艺术欣赏价值和收藏价值。当然，如果您有幸获得一瓶类似于有着像杰弗逊总统签名的拉菲（Lafite）一样的酒的话，则可真是价值连城了。为实现收藏价值而选酒，需要投资者拥有更多的耐心，也需要有一些好运气，因为这些都往往是可望不可求的。

健康饮用主题

中国消费者正在慢慢转向以“健康、休闲、艺术”为核心的消费时代。实际上，由于我国富裕阶层的崛起，高端人士的需求已然进入到这一新的阶段。集“健康、休闲、艺术”三大功能于一体的葡萄酒，自然成为高端富裕人士最先选取的优质消费品，显著的抗衰老和防治心脑血管病的功能，成就了葡萄酒的核心价值。加上人口结构的影响，相信出于对健康的考虑，葡萄酒的需求将是井喷式的发展。然而，这个因健康而增值的过程却另有一些诀窍在其中。这是一段有趣的历史：多年前，欧洲的烈酒饮用者同样出于健康的考虑，而不得不转型葡萄酒，但是他们又不希望突然之间失去全部口感，因此就对某一类型的葡萄酒产生了巨大需求——具有烈性酒口感的葡萄酒。拉图（Latour）的酒体风格刚劲、余味悠长，使得很多原来十分喜欢烈酒刺激口感的人们，在中年时因为健康的原因不得不转向这一口味类似的低度酒。可以预见的是，对于向来喜欢大碗喝白酒的中国富裕人士，也会复制这段历史，开始逐步找寻可以替代烈酒的饮品，届时也便是拉图（Latour）在消费市场上大显身手的时候了。当然，如果您发现其他好酒也有着类似拉图（Latour）的口感，也不妨做一些投资，因为中国爱烈性酒的人士颇多，单靠拉图（Latour）是满足不了的。相信具有同样风格的酒品一定会在不久的将来声名鹊起，价值不菲。

优质年份主题

优质年份酒的升值潜力可能会大到令你难以想像，因为同一酒庄好年份与普通年份的酒几乎可以看成是两种不同的酒。仅从价格上就可见一斑，近20年来的好年份酒的目前售价都在其他年份的 3 倍以上。一瓶绝佳年份的酒，适饮期可达 50 年以上，意味着升值的时间更为漫长。当然，如果您幸运的拥有了几个标志性年份的名庄酒，那么就无须担心酒品变质的风险了，即使它已经成了一瓶“醋”，也会成为一个价值符号存在下去，如同 1947 年的白马（Cheval Blanc）。

葡萄酒专家普遍认为，法国波尔多地区从 20 世纪末到现在最好的红酒年份当属 1982 年，1990 年，2000 年，2005 年和 2009 年了。表 6 是国内在 2010 年 5 月的市场上木桐（Mouton）庄几个年份酒的市场终端价格，年份的价值在这里表露的一览无遗。

表 6　　2010 年 5 月木桐庄年份酒市场价格

年份	1998	1999	2000	2001	2002	2003	2004	2005
价格（元）	6200	7500	12000	7400	5800	7200	5100	10300

资料来源：多家酒业公司在线平均售价统计。

因此，我们建议您选择优质年份的酒品作为投资对象，这类酒品价格的涨幅将远高于其他普通年份。

酒评高分主题

同年份一样，受到酒评家认可的酒也会身价倍增。世界上最知名的酒评家有美国的罗伯特·帕克（Robert Parker）、英国的詹西斯·鲁宾孙（Jancis Robinson）、意大利《葡萄酒观察家》（Wine Spectator）的高级编辑詹姆斯·萨克林（James Sucking）等。而知名评酒杂志《醒酒瓶》的影响也不容小视。不同的酒评家使用不同的评分制，英国的詹西斯·鲁宾孙使用的是 20 分制，而帕克使用 100 分制。能拿到帕克 90 分以上的酒就是好酒，95 分以上的酒那就绝对是极品酒了。在酒评家当中，帕克的酒评最受重视，一瓶酒如果能得到帕克的满分，该酒将毫无疑问地成为明星。酒评家们的品味倾向不同，对同一瓶酒的评价也会略有差别，但每位酒评家都拥有一批强大的粉丝团，只要能得到他们之中某位的好评，酒的价值都将飙升。分数的高低往往会影响到酒的当期价值与日后升值幅度，所以在投资时，就要留意分数的升跌及相关试酒的评语，帕克评分 95 分以上的佳酿绝对是值得长期投资的对象。

投资方式种种

解决了投资策略的问题，相信投资者一定对自己的投资水平大有信心，跃跃欲试了。那就让我们一起来看看继续往下可以怎么做。目前，市场上为投资者提供的葡萄酒投资方式已有一些，大体可分为实物投资与金融投资两种方式，又可细分为现酒投资、期酒投资等具体类型。而具体采用何种方式进行，则既取决于投资者的风险偏好，又决定于投资者的生活品质追求。接下来，让我们进行一番全景式扫描。

现酒投资——最直接的方式

现酒，就是已经装入在瓶中可以随时饮用的成酒了。对于名庄酒来说，在面市之前无一例外是要装瓶的，大多数装入 750 毫升的标准瓶中，也有一小部分为了满足特殊顾客的要求装入更大一些的瓶子中，如 1.5 升装、3 升装、6 升装等等。而一提到现酒，我们则又不得不解释一下期酒这一概念。期酒（en primeur）是法国名词，原意为“在其早期”，现在则代表着一种葡萄酒交易方式：在某一年份酒装瓶之前就提前进行购买。期酒制度起源于二战时期的法国波尔多酒区，经过 50 年的发展，期酒早已经形成一条完整的产业链，涵盖了期酒销售、葡萄酒评级、拍卖等实现投资收益的渠道，还有为酒商提供财务审计和保障的金融、保险和会计机构等。具体来说，某一年份的葡萄在第二年初就会被酿成新酒，但仍需要一年半以上的橡木桶培养才能正式装瓶出售。酒庄主人为了提前回收资金，就像卖出期货一样向少数有资格的一级酒商出售全部或部分酒品，而酒商则必须在此时全额缴纳资金取得期酒的权利凭证。通常情况是，在权利凭证对应的酒品还在橡木桶中静静发育时，该权利却往往已几经易手，使酒的价格节节攀高，等到它装瓶上市的那一天，早已“身份非凡”。

期酒最初价格的制定过程也很有趣味，在每年的 4 月，世界知名的酒评家和大酒商会云集各个产地，对当地的知名酒庄新酒一一作出品评，根据质量定出不同期酒的价格。虽然“期酒”的定价已经不低，但若对比随后的现酒市场价格，“期酒”价格往往是能确保买入顶级葡萄酒的最低价格。以 2001 年（普通年份）波尔多四家酒庄发售的 2000 年“期酒”为例，头两年的年均增幅在 25%—36% 之间，到了 2006 年时累计增幅则达到了 100%—150%。一般而言，自期酒发售以后，葡萄酒价格会进入约 5 年的快速上升期，而前两年的期酒阶段往往又是上涨最快的阶段，对投资者来说这也是购入葡萄酒的最佳时期。葡萄酒投资界流传着一种说法，如果一次购买两箱“期酒”，待酒成熟后，投资者不仅能自己享用一箱美酒，而且将出售另一箱酒的收入能够重新买入两箱葡萄酒。期酒获利的奥秘在于垄断性，因为，有资格买入一级期酒的酒商是固定的。如波尔多地区的名庄仅由十几家酒商控制，只有这些酒商及其关联方才有可能买到期酒权利。因此，对于一般的个人投资者来说，期酒投资几乎是不可能的事情，要投资也只能是购买已经正式装瓶上市的现酒了。所以，就让我们把目光投注在现酒投资上。

现酒投资之诱

有人告诉我：好的葡萄酒是有生命的，从它们在成长过程中表现出来的不同口味就可以辨识。而在葡萄酒的生命周期中，处于成熟期的酒最好喝，我们称之为适饮期。通常，名庄酒装瓶后一般要 10 年以上才进入适饮期。当然对于不同的酒品，适饮期会有差别，短则一二年，长则 50 年。适饮期的到来使得葡萄酒的口感渐入佳境，饮用价值越来越高。在这段时间里，存世葡萄酒会被不断地消费，使得剩余的酒弥足珍贵，市场价格快速提升。投资年轻的酒，待成熟后售出，是现酒投资一个基本策略，在适饮期内持有的时间越长，带给投资者的回报也会越高。我们来看一组近年来发生在国内外市场的葡萄酒交易数据：

2009 年 4 月 25 日，产于拉图（Latour）庄的一批 22 瓶原木箱装 1982 年红葡萄酒以 78.65 万港元成交；

2009 年 6 月，两瓶 1982 年份拉菲（Lafite）以 72800 元（人民币）成功卖出，高于预估价格 4 倍；一组柏翠（Petrus）、拉图（Latour）、玛歌（Margaux）与奥比昂（Haut-Brion）2000 年份佳酿拍卖价格为 201600 元，远远高于预期的人民币 18000—22000 元；

2010 年 3 月，一瓶 3 升装 2000 年“金羊木桐（Mouton）”在成都卖出了

12 万元的天价；

2010 年 5 月，产自法国著名酒庄 Hermitage La Chapelle 的 6 瓶 1961 年葡萄酒以 10.9250 万瑞士法郎的高价售出。

试想一下，当时一瓶不过百十欧元的酒在今天卖出了如此高的价格，不得不令投资者为之心动，也不禁要跃跃欲试，要把自己看好的葡萄酒早日收入囊中吧。别急，让我们接下来了解怎样通过收藏拍卖的方式来投资吧。

交易方式——收藏拍卖

目前，葡萄酒现酒投资的主流方式是收藏拍卖。很多资深的葡萄酒饮用者都有着收藏美酒的习惯，即通过早期购入新酒由自己保管至成年再饮用。其目的一则是购买新酒的价格相对便宜，二则是成熟酒品在市场上较难大批量买到。以中国的港、澳地区为例，不足千万的人口，却拥有着大量的私人酒窖用于藏酒，对于名人更是如此：

香港的财爷唐英年，其对红酒的着迷是远近闻名的。他在香港的住宅地库内设有大型酒窖，还会把资料输入电脑研究分析，八大名庄酒中的木桐（Mouton）是他最爱的品种；

影视巨星成龙，很多人可能只知他的电影，不知他对葡萄酒的热爱。其实，他也在香港拥有一个地下私人酒窖，藏酒近万瓶供自己畅饮；

“赌王”何鸿燊，他一生钟爱波尔多三级酒庄酒帕玛（Palmer），因此，在他的酒库中有多达 500 瓶的 1961 年帕玛（Palmer），市值近 2000 万港元，此年份的酒已被他独享，有价无市。

与之同理，葡萄酒投资一般也是关注于购买早期的酒。但葡萄酒投资又不同于购买金融型资产，金融资产一般都不需要特别关注保管的问题，但在葡萄酒投资中，投资人买到实物酒品之后，储藏的任务就只能由自己完成了。但储藏酒实在是个艰难的任务，为了给酒品提供一个舒适的环境静静成长，投资者需要自己挖个酒窖或是至少买个酒柜。当酒品升值达到了投资者的预期，接下来就是要出售获利了，目前比较行得通的方式就是进行拍卖。

随着中国大陆市场的兴起，香港特区由于近水楼台，成为名庄酒拍卖的全球亚军，各个拍卖行近期在港举办的拍卖会上，至少四成的葡萄酒被中国大陆人士拍走。嗅到商机的国际顶级拍卖行无不把目光投向这一新兴市场，如佳士得（Christies）、苏富比 (Sotheby)、美国嘅奇（Zachys）等，都已经在香港形成了较为固定的拍卖会惯例，如“春拍”、“秋拍”等等。香港市场的火爆，又使得国内的各大拍卖行跃跃欲试，力图在这一市场上分得一杯羹。中国最大的拍卖行——保利集团，已经推出了专门针对葡萄酒的多场拍卖活动；而 2010 年初中国糖业酒类集团主办的成都糖酒会上，又成功的拍出了多项美酒藏品。这都为国内投资人拓宽了出售渠道。考虑到大多数投资者可能对拍卖流程还缺乏了解，下面以苏富比香港红酒拍卖流程及费用为例，介绍一些葡萄酒拍卖常识：

（1）首先参阅发布在新闻媒体上的拍卖公司的葡萄酒拍卖公告，选择自己心仪的酒品。

（2）及时在拍卖公告规定的日期内实地查看葡萄酒（根据惯例葡萄酒拍卖均以展出时实样为准），详细了解该款葡萄酒的一切情况，如产地酒庄、土质、葡萄品种、气候等，同时要详细考察参加拍卖的各种葡萄酒或者葡萄酒组合的成交价历史数据，以便于测算竞买成本，确定合适的竞拍心理价位。

（3）按照拍卖公告宣布的日期、地点，提前进入拍卖现场，办理竞买登记手续应向拍卖公司提交个人身份证明，交纳参加竞拍保证金，领取竞拍号牌，在拍卖会前仔细阅读拍卖公司对该次拍卖会所作的具体规定及须知。

（4）拍卖会开始后，竞买人应集中精力，把握机会，参加竞买，应价、加价时保持头脑清晰，对备选酒品未来的升值空间有着清晰地预估，牢记自己的心理价位，举牌果断。

（5）一旦竞买成功，当场与拍卖公司签署成交确认书，确立自己的买受人资格。

（6）按照拍卖会规定的期限，交清拍卖成交价款及佣金；葡萄酒拍卖一个普通的规则是买方付佣金，一般为成交额的 12%—20% 左右。

（7）买受人凭已结算完毕的拍卖成交确认书，向拍卖公司提取成交的酒品。

由此可见，参与名庄酒拍卖需要比较专业的葡萄酒知识以及对拍卖流程的深刻理解，同时需要对香港地区及大陆近两年著名红酒拍卖会的概括有所了解，表 7 是相关数据。

表 7　　近年香港特区及中国大陆地区著名葡萄酒拍卖会成交概况

拍卖会	拍卖概况	典型拍品
佳士得 2009 年春拍	总成交额 28046400 港元，209 组拍品，成交率为 97%	一组 60 瓶 1982 年份的拉菲 (Lafite) 佳酿以 144 万元港币成功拍卖，创下本次拍卖会最高交易记录
佳士得 2009 年秋拍	2009 年香港佳士得名酒拍品的平均成交价高达 134000 港元，此成交价遥遥领先于亚洲其他拍卖行	以 140 万元港币成交了一组 78 瓶罗曼尼·康帝（Domaine de la Romanee-Conti）1999 年份葡萄酒，成为 2009 年佳士得全球最高成交价的名酒拍品

续表

拍卖会	拍卖概况	典型拍品
苏富比2009年春拍	总成交额5000万港元，共750件拍品，成交率为100%	1961年的“拉图（Latour）堡”的成交价格甚至高于40万元
苏富比2009年秋拍	总成交额7889340美元	一瓶6公升装1982年份柏翠庄园佳酿（Château Pétrus），最终以93077美元的成交价创下了历史最高拍卖记录
佳士得2010年春拍	为藏家呈献一系列来自包括波尔多、勃艮地及香槟区等世界经典葡萄酒产区的佳酿，有超过350件拍品	伊甘庄有史以来规模最大的单一拍卖组合，最早年份的一瓶为1825年，拉菲庄（Lafite）的葡萄酒，则有十分罕见的1959年3公升装、4.5公升装、6公升装特大号、1961年的4.5公升装、1982年各类瓶装及其他顶尖年份等
苏富比2010年春拍	5600万港元总成交额，919件拍品全数拍出	最高成交拍品为Le Pin 1990年12瓶（508200港元），创下了Le Pin 1990年世界拍卖纪录
北京保利2009年拍卖	中国大陆首次推出法国红酒拍卖专场，囊括了1966年、1986年、1990年、1995年及2005年等不错年份，并获得著名品酒家Robert Parker的100分顶级评分的红酒	两瓶1982年的拉菲（Lafite）拍卖得72800元人民币（约合10700美元），包括两瓶的佩特鲁斯、拉图（Latour）、玛歌（Margaux）和奥比昂（Haut-Brion），所有2000年份，最终拍出为20.16万元人民币（约合29500美元）

续表

拍卖会	拍卖概况	典型拍品
全国糖酒会红酒拍卖	总成交额40万元人民币，19件拍卖品共成交17件	木桐（Mouton）酒庄2000年份正牌（金羊木桐）被280号以单瓶成交量最高价12万元人民币竞得
法国珍酿·中国情葡萄酒拍卖	推出了八大名庄千禧龙年珍酿、波尔多1855年列级酒庄2007年全套组合，146组拍品的总成交额为675万元人民币，总成交率达75%	2000年八大名庄套装成交价为21.96万元，1855年列级酒庄2007年全套61瓶以10.49万元人民币成交

按此趋势，中国葡萄酒拍卖将会在香港和国内各大都市广泛兴起，一旦形成较为广泛的网络，就可以为相当一些投资者解决酒品的卖出难题。但是，拍卖方式毕竟还存在较多的局限性，只能是少数投资者的专利。

现酒投资的局限

对于普通投资者来说，依靠收藏拍卖的方式投资现酒并不是一件容易的事情。首先，酒品的储存风险不容忽视，对于相当一部分好酒来说，若想在长年内保持生命的存续与成长，就必须放在专业的地下酒窖之中。在普通的居家环境，再好的葡萄酒柜也无法保证酒品保持3年以上的成长。对于个人投资者来说，耗资百万甚至千万去挖一个私人酒窖显然是不可能的。反过来，没有窖藏空间就会成为阻碍投资的重要因素，但这还不是最致命的。

最难解决的就是酒品出售的难题了。目前比较好的出售渠道只能是拍卖行，但是拍卖行并不能够接受所有人的委托，通常只有知名藏家或者老客户才有机会通过拍卖行把酒拍出去。再者，由于拍卖品的组数限制，拍卖行只接手大批量的藏酒拍卖，酒品包装基本以箱为单位，或是特殊大瓶装的酒品；当然，酒品价值也应尽可能高，只有这样，拍卖行才能在有限的时间内为自身获取最高的佣金，从这一点上来说，拍卖行对于卖家也是“嫌贫爱富”的。对于公信力不够、或是只想卖几瓶的投资人来说，拍卖行的门很难为你打开。当然，一年仅有的几次拍卖机会和高额的费用也说明拍卖并不适于普通投资人。

买了卖不出去，投资自然就成了空谈，酒品在个人手中只能进、不能出，除了喝掉，没有更多的选择。这卖酒的难题，倒与早期黄金投资的尴尬较为类似：在只有黄金实物投资的时候，一旦买入实物黄金，再想以市价卖出去就困难了，因为买家有理由怀疑黄金的真假或是质量，这实际上是个人公信力不足的必然结果。为解决这方面的问题，市场上开发了各式关于黄金的金融工具，像黄金投资基金、“纸黄金”等等，核心都是用专门工具或专业机构来解决个人信用水平不足的问题。那么，黄金投资破解障碍的经验，是否可以复制到葡萄酒投资领域呢？答案是肯定的。

呼唤“葡萄酒银行”

葡萄酒银行，是对现酒投资障碍的最佳破解方式，而这早已是国际流行方式。在国外，为解决消费者购买酒品后无法储存的难题，一些专业机构会提供自己的酒窖或仓库供消费者使用。消费者只需付出一定的存储和管理费用，就可以将自己的酒品在合造条件下一直保存下去，直到消费者想把它们取出饮用。这种服务显然很像银行所提供的保管服务，所以就被称为“葡萄酒银行”。

一般来说，葡萄酒银行需要拥有一个或多个大型专业酒窖，以保证在此存管的大量葡萄酒都可以健康成长；同时，葡萄酒银行的管理系统要完善、缜密，清楚纪录每一瓶酒的流动情况。每瓶酒被存进时，都应由“银行”出具证明，为客户提供一套完整的存单；酒品取出时，“银行”还要出具保管证明，证实该葡萄酒一直处于精心保护之下，为投资者对外转让酒品所需要的公信力。一旦由于“银行”保管不当出现酒品变质问题，则由其负责赔偿。“葡萄酒银行”除了存酒之外，其实还可以做得更多。就像商业银行不仅吸收存款、还可以用资金放贷一样，一些有条件的“葡萄酒银行”也正在突破单纯存酒的服务，利用自身的渠道能力帮助客户买酒和卖酒，打造了一条完整的酒品投资流程，使“葡萄酒银行”业务臻于完善。比如国外的一家红酒资产管理公司，已经发展成了一家较为完善的“葡萄酒银行”。具体来说，投资者可以通过该公司向波尔多大酒商下订单，利用公司渠道顺利买入现酒或期酒权利；而没有条件储存现酒的客户，则不必急于将酒品拿到手，而是可以将酒品继续交由该公司保管，并在提前告知的情况下随时取出名下的酒品。值得一提的是，该公司还可以作为客户卖酒的经纪人，以公司名义将客户想要投资的酒品交由拍卖行拍卖。这样一来，该公司实际上解决了葡萄酒买—存—卖各个环节的问题，从而为葡萄酒的现酒投资者提供了十分便利的条件。

国外很多合乎条件的藏酒仓库都可以作为“葡萄酒银行”接受客户存酒。但国内的相关业务却尚未有效发展起来，主要是葡萄酒保存难度太大，国内的保管水平和条件还没有达到相关要求。可喜的是，这一问题在近来有了突破。目前，国内已有少数城市推出了面向大众服务的酒窖，主打为个人提供藏酒服务，并且对酒品存放的数量没有要求，这就使得哪怕只有几瓶酒的葡萄酒投资者既不用挖酒窖、也不用买酒柜，便能享受专业级的保管服务。如果在可预期的未来“葡萄酒银行”能在中国遍地开花，并且逐步发展成可为投资者提供各类投资服务的程度，则将为葡萄酒投资领域带来一个明媚的春天。

然而，在“葡萄酒银行”尚未形成有效辐射力之前，直接的现酒投资还将是少数人的专利。所以，适时而出的间接投资方式将会是未来一段时间葡萄酒投资的主流，当然，这也将是一种十分轻松的方式（见图 14）。

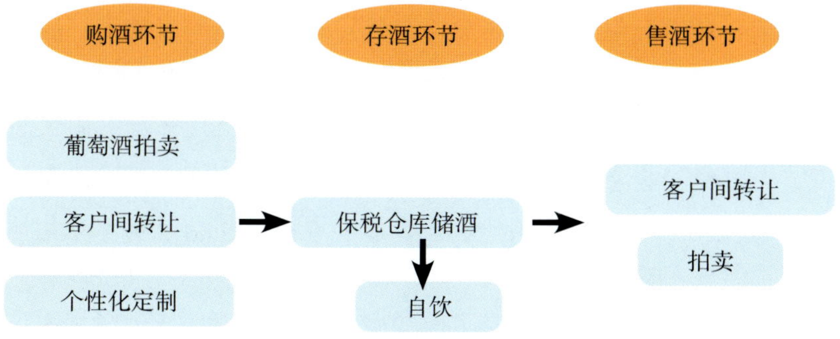

图 14　葡萄酒银行运作流程

基金投资——最轻松的方式

什么是葡萄酒基金?

说到基金，大家最为熟悉的当属证券投资基金了。在股票市场上，大盘持续波动，个股涨跌莫测，很多不专业的投资者都在股票投资中遭受了惨重损失。而证券投资基金的出现就是为了解决这个问题，将众多投资人的资金汇于一处，再交由专业的管理人进行统一投资：首先通过专业管理人的甄选，挑中一定数量的好股票，再对它们进行分散投资，风险又再降一级，最终可以为投资者带来不菲的回报。这就是一种典型“集合资金”+“专业能力”的合作模式，投资人可以通过这种方式轻松享受到专业投资的好处，当然也要向管理人支付必要的报酬。而如果这只基金的投资对象不是证券产品，而是葡萄酒的话，那这只基金就可以被称为——葡萄酒基金。

同样，这样的一种投资方式对于葡萄酒投资来说也非常有意义。首先，葡萄酒品的升值趋势虽然比较清晰，但选出升值能力最好的那些酒品也不是件轻松的事情，需要投资人对葡萄酒具有很专业的理解才行，这无疑是基金的强项所在；其次，即便个人投资者选中了不错的酒品，但是通常是很难在期酒环节买入酒品，而只能在酒品装瓶后才可能买到，基金同样可以通过专业渠道解决这个难题；再次，即便买入了酒品，保管就会成为新的麻烦，除非“葡萄酒银行”已经遍地开花，而保管对于基金来说就是轻而易举的事情了；最后，如果投资人急需变现自己的酒品，估计也是不方便的，因为他自己的下游渠道肯定不多，这对于基金来说自然也不是问题。所以，葡萄酒基金对于大多数普通投资者来说，无疑是一个上佳选择。葡萄酒基金可以有效地实现投资者与管理人的“财智结合”，使投资人可以轻轻松松赚钱：既弥补了自己缺乏专业知识的不足，又无须占用个人时间与精力。

当然，若要成功运作一只葡萄酒基金，基金管理人必须要在选酒、购入、储存和出售等方面都具有相当的优势，这样才能有效吸引客户参与。比如，我们之前提到的个人无法参与的期酒投资，如果基金能通过某种方式解决的话，则可轻易实现低风险且高收益的投资效果。如今，国际上葡萄酒基金已经遍地开花，并日渐受到投资者的追捧，而中国的葡萄酒基金也到了大发展的前夜。

葡萄酒基金巡礼

纵览海外市场，目前比较知名的葡萄酒基金有：英国的顶级葡萄酒基金（Vintage Wine Fund）、佳酿基金（The Fine Wine Fund）和澳大利亚的国际葡萄酒投资基金（International Wine Investment Fund）等等。此外，我国香港地区也有葡萄酒基金设立。法国酒庄管理集团（Chateaux Management Group）在2002年7月和2003年9月分别推出了两只葡萄酒基金，最低认购金额分别为1万美元和5万美元，两只基金各募资30万美元和100万美元，分别购入超过1400支和2300支葡萄酒，其中主要是红酒。近年来，葡萄酒基金的发展极为迅速，英国金融服务局（Financial Services Authority）下属的三只葡萄酒基金的整体规模早已突破了5000万英镑；在开曼群岛注册的葡萄酒成长基金公司的葡萄酒基金从2003年到现在也增长了将近4倍，并于2008年上半年在全球股市大跌的情况下实现了12.12%的成长率。虽然目前葡萄酒基金的规模依然相对较小，但随着全球富裕人士的不断增多和新兴市场对葡萄酒投资潜力的不断刺激，这一投资工具的发展前景非常可期。各国政府对葡萄酒基金也非常重视，如英国政府在2004年12月提出专门议案，将葡萄酒纳入个人养老金投资计划。在此影响下，很多不同类型的大型葡萄酒基金相继成立，如著名的佳酿基金等等。下面我们对国际上几只知名葡萄酒基金做一番简要介绍：

顶级葡萄酒基金

注册于开曼群岛的顶级葡萄酒基金(Vintage Wine Fund)创立于2003年年初，在伦敦OWC资产管理公司运作下，致力于高端葡萄酒投资，并取得了骄人投资业绩，目前已成长为世界上规模最大的葡萄酒基金，达3000万欧元，其中90%的资产以葡萄酒实物形式持有。顶级葡萄酒基金的管理人对全球知名葡萄酒产区都非常熟悉，投资范围也放眼全球，当然最主要的投资区域仍然是法国波尔多地区。同时，该基金的管理人认为在勃艮地与罗讷河谷等产区的很多葡萄酒质量并不比波尔多的差，甚至可能更具升值潜力。因此，这些产区的酒品同样也是投资的重点关注对象。根据该基金2010年7月份发布的净值报告，

2010年上半年该基金已经取得了高达16.43%的回报。

极致葡萄酒基金

该基金由法国兴业银行由2004年年底向高端客户正式推出，专门投资顶级葡萄酒，“八大酒庄”中的柏翠、玛歌、木桐等都是其重仓的品种。“极致葡萄酒基金”按期滚动发行，至少在每年的葡萄收获季前发行一次，每次募集的基本额度为300万美元，投资者门槛设定为30万美元，上不封顶。客户在投资“极致葡萄酒基金”后，会面临一年的资金封闭期，在这期间，法国兴业银行将与其专业的葡萄酒管理伙伴FICOFI一起挑选适合投资的葡萄酒。其挑选的葡萄酒标准一般是产于波尔多、勃艮地等著名葡萄酒产地、并获得Robert Parker评分在95分至100分之间的优质葡萄酒。一年封闭期结束后，投资者在每个季度都会有一次选择抛售的机会。如果客户认为已经获得适当收益，可以通过法国兴业银行委托拍卖行将名下的葡萄酒进行拍卖，当然客户也可以选择继续持有收藏，由法国兴业银行委托酒庄和专业葡萄酒机构收藏保管。除了能够选择葡萄酒抛售时机外，投资者还能够通过预约的方式饮用所投资的葡萄酒。据统计，极致葡萄酒基金每年的投资回报率高达12%，目前基金总额已逾3000万美元，并吸引了大量的亚洲投资者。

Vinum 佳酿基金

Vinum佳酿基金位于诺曼底海岸附近的根西岛，是少数几只零售型葡萄酒投资基金之一，也是被列入英国个人投资者计划(SIPP)和美国SSAS计划中的投资项目。在众多“以财取人”的葡萄酒基金中，Vinum基金显得有些独树一帜，因为，该基金的投资门槛非常低，1万英镑就可以成为该基金的投资人。当然，由于投资门槛太低，基金成立时的资金规模只有200万英镑。该基金成立之后的业绩表现一直不错，哪怕是在全球金融危机当中，也由此得到了投资者的青睐：在2008年9月，基金募资增长12%，10月又增长15%，11月再增长2%，使基金总额迅速扩大至500万英镑，成为市场关注的新焦点。表8为国际葡萄酒基金概况。

表 8　　国际葡萄酒基金概况

名称及发行地	管理人	当前规模及认购起点	投资对象	收益率
Vintage Wine Fund（英国）	OWC 资产管理公司，Andrew Davison	当前规模 1.15 亿欧元 认购起点 10 万欧元	波尔多、勃艮地、罗纳河谷产地酒，90% 资产为葡萄酒现酒	年均 16%
Wine Investment Fund（英国）	Anpero Capital, LLC	当前规模 4000 万英镑 认购起点个人 1 万英镑，机构 50 万英镑	主要为波尔多产地现酒	年均 13%—15%
Fine Wine Gear Growth（英国）	Curzon 资本有限责任公司	当前规模 660 万英镑 认购起点 2 万英镑	90% 的资金配置波尔多列级酒庄酒，10% 配置勃艮地酒	累计 13.16%
The Fine Wine Fund（英国）	Wine Asset Managers	当前规模 1000 万英镑以上 认购起点 5 万英镑	波尔多、勃艮地、罗讷、香槟等产地投资级酒	年均 15.39%，累计 58%
ARCH Fine Wine IC Ltd（英国）	ARCH 金融产品有限责任公司	当前规模 370 万英镑 认购起点 7.5 万英镑	50% 资金配置列级酒庄，45% 配置中级酒庄，5% 配置波尔多甜白酒	累计 15%
Lunzer Wine Investment（英国）	Richmond Park 资本有限责任公司	当前规模 1000 万英镑 认购起点 25 万英镑	波尔多顶级红酒	年均 24%

续表

名称及发行地	管理人	当前规模及认购起点	投资对象	收益率
Ultimate Wine Fund（法国）	法国兴业银行 FICOFI 公司	当前规模超过 3000 万美元 认购起点 30 万美元	波尔多、勃艮地名庄级葡萄酒，重仓持有柏翠、玛歌、木桐	年均约 12%
Nobles Crus（卢森堡）	Elite Advisors	当前规模 1300 万欧元 认购起点 12.5 万欧元	80% 资金投资于旧世界顶级酒庄现酒和期酒	年均 16%
Premium Wine Fund（新加坡）	Premium 资产管理有限公司	当前规模未披露 认购起点 10 万美元	长期升值稳定的投资级酒品	年均 15.2%
Wine Growth Fund（卢森堡）	S.à r.l. Henning Thoresen	当前规模 8000 万欧元 认购起点按级别从 12.5 万 -50 万欧元不等	投资级酒庄期酒和现酒	累计 42.29%

葡萄酒基金在中国

国际葡萄酒基金可谓风生水起，但在国内，葡萄酒基金还仍然处于酝酿的阶段，毕竟葡萄酒投资对于国人来说实在是太新了。但尽管如此，一些具备葡萄酒投资概念的投资产品也如雨后春笋般出现，典型的就是多家信托公司推出的葡萄酒投资理财产品——准葡萄酒基金。之所以称之为准葡萄酒基金，原因在于这些理财产品的资金并没有形成真正在公开市场上买卖葡萄酒的机制，而只是定向的认购某些特定葡萄酒，并且设定了投资者最终可获得的固定收益条款，所以实质上更近似于一个银行理财产品。

2008年，工商银行、中海信托和中粮集团联合推出了君顶酒庄葡萄酒收益权信托理财产品，这是国内首个葡萄酒理财产品。这款产品的投资对象是中粮君顶酒庄所持有的干红葡萄酒2006年份期酒的收益权，以1桶为一个认购单位，投资期限为18个月。该产品设计了两种收益实现方式：第一种方式是在葡萄酒装瓶后，投资人向工商银行提出红酒消费申请，届时银行将按照折合年化8%的收益率向投资者提供红酒实物；另一种方式是在18个月后，投资者以现金方式获得收益，君顶酒庄按照此前协议回购未行权的红酒，回购价格也将按照年化收益8%的标准执行。几乎在同时，中信银行、国投信托和中粮集团也联合推出了一款期酒投资产品，与刚刚提到的产品结构几乎一样。而从专业角度来看，这两款产品的期酒投资机制显然和波尔多期酒投资机制大不相同。之所以导致这种情况，主要原因是中国期酒尚未解决"定价机制"这个最关键的因素。中国期酒销售主要是由葡萄酒生产商来定价，既没有酒评家评分作为参考依据，也没有同类产品的价格竞争。实际上，期酒的价格应该根据市场供求、葡萄酒的品质等综合因素来确定，随着市场供求关系的变化而调整，至少在不同的年份，期酒应当因品质高低而造成价格上的不同。所以说，这两款理财产品只是引入了葡萄酒投资的概念，但更近似于一个融资方案，投资标的与获得利空间相对固定，尚不是真正意义上的葡萄酒基金。但无论如何，这两款产品无愧于中国葡萄酒投资基金最早探索者这样的称号。

通常，我们认为真正的葡萄酒基金首先要定位于投资级酒品，并且采取各类投资策略主动管理基金，不定期的更换投资品种和调整仓位，资金滚动操作。同时还应看到，既然葡萄酒基金定位于投资级酒品，则势必意味着基金要从国外采购酒品，这就要求基金管理人必须拥有在国外直接购入现酒或期酒的能力。国内还没有真正的葡萄酒基金出现，却呼之欲出，因为，一些专业葡萄酒投资管理机构正在积极筹备纯正的葡萄酒投资基金。从制度角度看，葡萄酒基金在中国出现已经没有任何障碍，无论新修订的《信托公司集合资金信托计划管理办法》还是《合伙企业法》都为创新型投资基金提供了完备的制度支持，不出意外的话，中国即将出现的葡萄酒基金一定会以集合资金信托计划或者有限合伙企业的形式推出。不管是哪种形式，都将成为葡萄酒投资在中国新的里程碑，让我们拭目以待！

投资酒庄——最彻底的方式

30 年前，比利时的天鹏兄弟用 100 万法郎的价格买下了波美侯酒区被认为是“烂庄园”的一公顷葡萄园。然而仅仅过了几年，这一公顷葡萄园就打造出了名震天下的“里鹏”酒，风头甚至不在同一产区的酒王柏翠（Petrus）之下。显然，里鹏的崛起与天鹏兄弟的管理水平与酿酒技艺密不可分，而这种成功带来的喜悦更是无与伦比的。由此，我们也认同这样的判断：如果您真的热爱葡萄酒并有足够的能力，收购酒庄绝对是最好的投资方式。

购买葡萄酒庄园并进行经营最早只是葡萄酒爱好者的专利。法国巴黎银行的私人银行家曾经说到：“人们想投资葡萄酒，最初的动力一定不是去获得多大的收益，而是出于对葡萄酒的喜爱、乐趣及一定程度上的梦想。尤其是想要投资酒庄的客户，最主要考虑的因素应该是一个和家人朋友聚会的独特、浪漫的环境，还有对葡萄酒发自内心的尊敬与喜爱。”随着葡萄酒投资价值的逐步显现，把目光聚焦于收购酒庄的投资者也是越来越多，目的也从饮用提升到了获利或提升知名度等等方面。在这样的背景下，一些机构和高端人士也逐渐加入这个市场：像我们熟悉的 LV 集团主席阿诺，先后买下了 10 大名庄中的白马和伊甘（d'Yquem）。

但对于国内投资者来说，收购酒庄尤其是名酒庄可能会遇到一些困难。首先，对于一些葡萄酒旧世界国家尤其是法国来说，其民族品牌意识往往很重，对于代表本国特色的葡萄酒产业则更是加强了保护。一直以来，他们都在不遗余力地防止顶级酒庄落入外国人之手。所以，我们认为如果确实要收购一个好酒庄，最好采取一些迂回或者曲线的方式。其次，即便没有其他方面的阻碍，要收购一个好酒庄估计也是困难重重，因为经过数百年沉淀后，如今的法国名酒庄大多掌握在传统贵族或大集团手中，他们是不会轻易出售这些名贵资产的。所以，国内投资者最好把非知名酒庄当成重点考虑的对象，收购一些不出名但带有地域特色的中小酒庄，也是不错的选择，而且这样的成功率会高很多。不过，尽管收购酒庄困难不小，我们仍然兴奋地观察到，国内机构和富裕人士入主法国葡萄酒庄的案例已经颇有几起。

当然，对于那些只是希望通过酒庄获取巨大收益，但不希望涉入复杂而具体的酒庄管理的投资者来说，如能找到一只葡萄酒行业基金进行投资的话，也将是一种非常不错的选择。那就让我们憧憬得更远一些，让葡萄酒 PE 来得更早更快一些！

法国葡萄酒产区小撷

质朴的比利牛斯山

法国的比利牛斯山。在地理上，属于法国西南部。那里产的葡萄酒都是日常饮用型葡萄酒。我看到大部分的葡萄园都是在山坡地上，平地上较为肥沃的土地，基本种植像玉米、油菜这样的农作物，贫瘠的土地种植着葡萄，它们和谐地分配了土地的使用，达到了经济效应的最大化。不同土地的性质，不同的农作物种植，使土地更好地被利用。这一顺应自然的方式给我留下了深刻印象。

我在春末夏初的时候来到比利牛斯山脉。我们住在山顶上的乡村城堡。城堡的主人热情、质朴，但这里没有电视，只有一个无线路由器可供使用，手机只有离开城堡才能较为畅通。山村的美景令人心旷神怡，这里的一切都是那么的自然，野兔、松鼠，在你早上推开西班牙式的窗户时可以见到，但你除了城堡里的管家及大厨外难得再看到其他人了。还好我们有同行者一路开心，但大家都觉得时间长了一定受不了这样平静、安宁的简单生活。平时在北京觉得人太多，太烦；真的让你回归自然时，你的心却又不肯安静地像当地人那样安逸地生活，中国人还是喜欢热闹。观赏的喜欢和浸溢其中是不同的。当你看到路边的樱桃在没有污染的环境下长成，男生爬上树摘下来，你不用洗手擦擦就能吃，你会忍不住吃的欲望。但身处此地，你发现除了在

宁静优美的比利牛斯山村

比利牛斯山村宛若世外桃源

小超市、餐厅能看到当地人，在路上顶多会遇上车的交汇，而看不到人，这样的寂静中国人总是很不习惯。

如果说有什么是我不能忘怀的，那应该是法国西南部“农村合作社”式的法国三大葡萄酒业集团之一的“普莱蒙酿酒集团”（法国人运用了中国当年的农村合作社的方式，将拥有土地的农户组织起来，运用管理模式使得酒农不需要直接面对购买方，而由另外一个公司代表酒农负责市场及销售）。法国西南部在法国葡萄酒业中原本是较为弱小的，这里的葡萄园主几乎没有能力将自己酿的酒销售到西南部以外的地区。“普莱蒙酿酒集团”像当年中国农村合作社一样，由最早的 50 名葡萄园主入股到今天拥有 1000 名葡萄园主为股东的股份公司，他们将单一弱势的葡萄园主，通过集团力量使得法国西南部原本弱小的葡萄酒作坊，变成法国最强的酒业集团，从西南部走向世界。现在他们的葡萄酒销往了世界 20 多个国家，中国是他们最重要的葡萄酒出口国之一。他们与中国的合作伙伴合作过程中促进了他们对葡萄园的管理以及葡萄改良。当我在葡萄园的时候，看到每个葡萄园都有一个小白牌，这个牌子是这片葡萄的身份牌，这是应中国合作伙伴的要求进行改进的。他们为更好地追踪葡萄情况而设的，它可以为葡萄的改良起到重要作用。这对“普莱蒙酿酒集团”葡萄酒管理起到了推动作用。知道这一切时，我很为自己国家的葡萄酒经营者自豪，虽然中国的葡萄酒产业还不足为道，但中国人的智慧却

马蒂隆庄主之一的丹尼尔（Deniel）先生

丹尼尔先生宽厚结实的手培植了年年岁岁的葡萄

在为葡萄酒的发展及传承大放异彩。

初夏的葡萄园里葡萄花还没有凋谢，小小的葡萄也刚刚开始它生命的历程。马蒂隆（madiran）产区协会会长，马蒂隆庄主之一的丹尼尔（Deniel）先生陪同我们一起到葡萄园，他摘下解百纳—苏维浓的叶片与塔纳葡萄叶片，马蒂隆的塔纳葡萄叶大而壮厚。这样最直接的比较，让我们感受了葡萄品种的不同的典型的外观差异。接待我们的庄主，他们家族在曾祖父那一辈来到了法国的比利牛斯山脚下，开始了他们的酒农生活。在他的父亲时，家族拥有了 5 公顷土地，到了他，现在拥有了 12 公顷葡萄园。他的手宽厚、结实，粗糙地长满着老茧，他为自己的积累而感到开心。对自己的子女没有人喜欢葡萄园也很释怀，他说：如果他们不想耕种这片葡萄园，他将会传给其他亲戚，条件是，他得传承这个葡萄园的耕种，继续酿酒事业。马蒂隆产区的葡萄园主的这份热爱使得文化传承得以延续。

他带我们来到一片春天刚刚扦插的新的葡萄园。我们看到难得一见的景象，长两片小芋的葡萄枝浑身红红的，庄主告诉我们：那是蜡。它可以使小小的葡萄芽不受侵害。他们用蜡来保护这幼小而脆弱的生命成长。头几年的葡萄是不能用来酿酒的，5 年，是葡萄酿酒的基本要求。5 年的精心照料才能有基本的收获，葡萄到了 30 年进入它的壮年。如果同一个园子种的葡萄，能从它开始出葡萄酒到它进入壮年时所出的葡萄酒都能品尝到，你会很好地感受到葡萄酒生命的差异。

春天到葡萄园，你所能看到的比冬天时丰富许多。在一垄一垄的葡萄树前，隔几垄就会看到盛开的玫瑰，这里种植玫瑰可不是为了好看，玫瑰是一个“预

涂红蜡的葡萄枝

葡萄园里七彩孔雀回眸之魅

宁静的葡萄园

温柔的玫瑰竟然成了偌大葡萄酒的“预警卫士”

警系统”。玫瑰会向葡萄园的主人告知葡萄的生长状况，一旦玫瑰出现问题，园主就会根据玫瑰的病症给葡萄树对症治疗。

马蒂隆 1907 的健康价值备受推崇

法国西南部，这里生产的葡萄酒适合日常饮用，马蒂隆 1907，品尝时带有黑草莓、甜酒以及波特酒的香气，气味开放浓厚，复杂；入口气味较重，单宁密集，圆滑、天鹅绒般的质感，使得它个性鲜明突出，回味十分持久。马蒂隆 1907 更因为它特有的成分成为了当代关于红酒与健康的科学研究主角，丰富的单宁酸及花青素（Procyanidine）含量在所有法国名酒中名列第一，每升含量约 706mg，高于其他法国葡萄酒约 2—3 倍，被各国医学研究学会广泛推崇饮用。健康，对今天的城市人来说，已经成了人人必谈的话题。马蒂隆 1907 葡萄酒兼具的多元特性，受到爱葡萄酒的人士的喜爱。它作为法国葡萄酒的日常用酒可以说是充分体现了其价值。

葡萄酒的荣誉

在中国的葡萄酒商中，有不少人因为爱葡萄酒而进入葡萄酒的行业。因爱葡萄酒而进入行业成为全球最具影响力的葡萄酒权威人士的中国人有之；因葡萄酒改变人生奋斗目标的有之；因葡萄酒获得荣誉的中国籍人士有之。此次与我们同行的“珠海全达实业公司”孙绍良先生在法国接受荣誉勋章，让我们感受到了荣誉的意义。

2010 年 6 月 8 日孙绍良先生在法国马蒂隆皇家葡萄酒协会会馆接受授勋。马蒂隆皇家葡萄酒协会主席：罗伯特·杜夫先生（President de Vignerie Royale du Madiran： Mr. Robert Dotour）代表这里的酒农，表达了对这位最早来到这片土地的来自中国的孙绍良先生的敬意。法国马蒂隆皇家葡萄酒协会主席罗伯特·杜夫在给孙绍良先生颁发勋章时，激动地说：孙先生，你是我的朋友，也是我们法国人的朋友，您对法国葡萄酒的热爱、见解，您在中国市场所做的推广和努力，您超越生意本身的精神力量和魅力，您获得此枚勋章是我的骄傲，是法国马蒂隆 1907 法定产区的骄傲，也是马蒂隆 1907 的成功。

Commanderie du Bontemps de Médoc et des Graves Sauternes et Barsac 是波尔多

孙绍良先生在法国马蒂隆皇家葡萄酒协会会馆接受授勋

左岸最古老的葡萄酒协会。协会历史要追溯到中世纪的法国波尔多，它是古老传统的传承者。协会拥有350个成员，所有成员都是吉隆特河左岸最声名卓著的葡萄庄园和酒庄，同时，也集合了波尔多葡萄酒市场上最大的经济参与者——批发商行和经纪事务所，上万名荣誉会员分布于世界各地。荣誉会员入会要求，必须由协会会员一位或若干正式会员作介绍人。“不管他们是否声名卓著或默默无闻，他们都是我们葡萄酒的诚挚的爱好者，他们宣誓忠诚于我们的葡萄酒。在入会仪式之后，他们一如任命决定所宣布的，立即成为梅多克、格拉芙、索泰尔纳和巴萨克葡萄酒的真正的亲善大使。”“在任何地方，面对任何人”，协会代表、祝福并捍卫的不仅仅是葡萄酒，还有协会所珍视的整体价值观：友谊、欢快和对我们的风土的忠诚。

一份证书（用如中国甲骨文般的古法文所书写的证书），一枚骑士勋章、一件“中世纪”的披风、一个仪式，充满着对文化传承的重视。

象征葡萄酒界荣誉和友谊的授勋仪式

Commanderie du Bontemps 接受孙绍良先生入会

Commanderie du Bontemps 接受孙绍良先生入会

美人鱼酒庄精品

商人在利益得到满足后会追求什么？真诚的尊重。

傲慢，是记忆里法国贵族可以贴上的一个标签。当你面对矜持的迎向你的波尔多贵族 De Luze 先生时，仿佛感受到在中国已经遗失的生活。孙绍良先生的推荐人就是这位 De Luze 先生。他与中国朋友因葡萄酒而建立起的真诚的友谊，让他发出了推荐邀请。

我们中国曾以“礼仪之邦”来描述自己的国家。当你感受法国时，这个国家所固执传承的文化，让你最直接能感受的是“礼仪”。6 日下午，波尔多左岸的列级酒庄协会主席让·米歇尔（Mr. Jean-Michel）及协会的十几位正式会员，在左岸的“美人鱼”（CHATEAU GISCOURS）酒庄举行授勋仪式。

主席手持权杖，到场的会员身着会员的传统袍服，庄重的进入。庄重的仪式总是会给人以神圣感。我们身临现场，感受到那一份尊重不是金钱可以换来。作为葡萄酒的“骨灰级”人物的孙先生，也还是要经历小小的考验。仪式中有一个很重要的环节，盲品葡萄酒并说出它的年份。在那一刻我们紧张地期待，不希望有一点差池。结论是：正确。我们不自禁地拍手祝贺，参与的会员们也都感到十分开心。荣誉的授予以礼仪的形式让我们感受了文化的承载，也为我们文化中失却的礼仪感到失落。

W 波尔多的“哲学”

葡萄园、城堡，在波尔多产区，它们总是交相辉映。左岸始终是那么的雍容。6 月藤蔓爬满在葡萄园旁的城堡。这让我想起很多年前看过的影片《罪恶》，女主角将发报的天线藏在屋外的藤蔓里，似乎那美丽的“女间谍”正向我走来，记忆唤起了一份亲切。

雍容的左岸城堡

失落的生活

不知道波尔多算不算法国传统被保护的好的地方，当同行的朋友在进入庄园的城堡时不停地拍照、欣赏城堡美丽的花园时，我感到了中国人对自己不复存在的生活的一种欣赏。在中国你找得到仿效的“白宫”、“小凡尔赛”甚至有了私人庄园，不过很快的，当私人庄园所给的理想生活的情怀渐冷，这些“私人庄园”也成了私人会馆或者商业高级会所。你找不到那份雍容，那份对一草一木的热爱，那份精神世界里的从容。城堡所呈现的不仅仅是华贵，当你看到传承了四个世纪、五个世纪、六个世纪，甚至更久远的家传时，当你看到挂在墙上几代人的画像时，情感上一定为这样的文化传承打动。

我们在城堡接受 De Luze 庄主的招待，那是他的家，是他日常生活的地方，大家都好奇地打量家里陈设的细节，艺术品、古董还有中国的瓷器（这时会有点“狭隘而愤愤”地想从哪来的？）书房，那里的书也在说明着它们的历史，家具有着岁月的痕迹好像都刻着“经典”。这让我想起 Discovery 记者写的一本书《大狗》——富人的物种起源。有一个章节，他写道：当他去晋见摩纳哥雷尼尔亲王时，他看到亲王家里挂着的一幅含蓄平和的油画，画中有一艘停在码头的游艇。亲王告诉他，那是他祖父亚伯特一世的。记者觉得眼熟，就问

雍容大气的左岸城堡

静谧高雅的波尔多城堡

掩映在绿树后的华贵庄园

雷尼尔亲王是谁的作品，亲王告诉他：克劳德·莫奈。也许有一天有人能带走这幅画，但历史是无法带走的。中国有许多收藏家总是喜欢把玩自已的藏品其乐无穷，从这里走进那段历史。我在想当一切成为你的生活时，你会如何对待？波尔多有许多城堡的主人，他们就浸洇在这样的生活中，战争都没有将他们生活改变的原因是什么？

在波尔多我曾有过有趣的情不自禁。那天的晚宴结束时，我们都跟城堡的主人道别，那是一位患有帕金森病症的老人，整个晚宴他都是一位观察人。道别时，吻手礼，绝不像年轻人那样俏皮，那是一位老派绅士的尊重，我不自禁地回了一个传统的“屈膝”，离开后自己觉得有趣。

生活离不开吃，葡萄酒从不孤芳自赏，它是娱乐、生活不可或缺的道具。公元 9 世纪开始的葡萄酒餐桌礼仪，继续着它的当代故事。在中国，礼以位高权重者为尊，餐桌上也是这样，餐总是以主座的宾客为先，斟酒也是以尊者为首；法国餐桌礼仪总是从女宾开始，这种礼仪是不需要谦让的，女性只需要享受这个过程，中国的餐桌总是要在排位上谦让，以表示“礼”。中国的妇女“半边天”的权力造就了当代女性的“争”的个性，现在几乎没有了“窈窕淑女，君子好逑”，而是“凤求凰”的时代了，“女权”不仅让性别模糊，而且造成“失衡”。

美食与葡萄酒的完美结合，就叫着完美的结婚（mariage）。波尔多的城堡，让我享受了一次又一次完美结婚的美妙。

有朋自远方来

CHÂTEAU GUIRAUD 甜白

我们从波尔多的最南端进入波尔多葡萄酒产区的苏玳甜白酒产区。这里是

GUIRAUD 甜白佳酿

世界上最好的贵腐酒产地。CHÂTEAU GUIRAUD 苏玳区的一级酒庄大片的赛美蓉葡萄，还有一部分长相思。品酒室里，不同年份的 CHÂTEAU GUIRAUD 甜白正在等着我们体验。我看着不同年份那由浅入深的颜色变化，我很期待，因为我喜欢的《神之水滴》介绍过这支酒，它会给我带来什么样的感受呢？在几个不同年份的酒中我比较喜欢长相思比例高的那一年，酸很好地平衡了甜度，但是我对它并没有觉得喜欢这款甜白。老庄主拿出他保存的这个酒庄最早的酒——1863 年的甜白，让我们为它的所记录下的历史岁月而感动。

红庄（CHÂTEAU pont rouge），波尔多中产酒庄庄主 De Luze 先生，法国贵族，波尔多重要的酒商，买下了上百公顷葡萄园，开始培育葡萄，第一批葡萄酒的葡萄采自 5 年树龄的葡萄藤，葡萄很年轻，葡萄酒酿制为用心之作，没有左岸酒的坚涩，丰富、活泼充满朝气，果香如烟花，让你感受到瞬间的灿烂。因为葡萄年轻，庄主对葡萄的质量控制极严，每年只产 5 万瓶葡萄酒，

典雅非凡的红庄

葡萄酒的价格较低，性价比超好，物超所值。

气质儒雅的红庄庄主 De Luze 先生

午餐在容纳 14 人的家庭餐厅，并没有我看到过的像中国某些富豪家那么奢华的餐桌，但餐桌上的银器告诉你主人家餐桌文化的悠久历史，餐柜里的古董餐瓷陈设在那里，跟主人一起叙述着这个家族的故事。

头盘，密瓜腌肉。餐前酒：薄薄的腌肉覆在蜜瓜上，因为爽口及与白葡萄酒的和谐让我记忆犹新。

回味无穷的红庄午餐

不吃牛肉的我，主人细心地为我准备了鸭肉。我觉得对红庄（pont rouge）这款年青的梅洛葡萄占 70% 葡萄酒来说，鸭子该是比牛肉更好的配合。红庄（pont rouge）葡萄酒承袭着玛歌村的果香的风格，梅洛的温柔，苏维浓的厚重。年轻欢快的葡萄酒与香嫩的鸭肉，让我想起小时候我家养的能自己从鸭窝出发，排着队到外面池塘找食的番鸭。每回父亲杀他们时，我总是躲得远远的伤心，餐桌上的鸭味的喷香那诱惑又无法阻挡，不安，导致我永远远离“杀戮”。

据说，在法国有 452 种奶酪。我们第三款酒（木桐）上来时，在主菜上过后，有一道红酒是由奶酪作为配餐，我们一起同行的朋友，在中国时，是拒绝奶酪的，我不断地“蛊惑”：法国人，奶酪与葡萄酒的配餐，是绝对的完美 maierge（结婚）。尝试结果：果然。如果没有甜品及甜白酒，就会像歌剧少了最后一幕。能滑到喉咙里的甜品与伊甘相配，是公主与王子的天作之合，1989 年的伊更带着欢快的青春气息在“enjoy”中谢幕。

梦妮酒庄（Château Meyney）

在梦妮庄一气品五款波尔多五个列级庄的葡萄酒是不是很过瘾？

这个属于法国农业信贷集团的酒庄告诉我们一件事：法国政府如何帮助法国农业发展。葡萄酒作为法国的重要组成部分，法国农业信贷集团除了提供葡萄酒业及其他农业资金支持外，还对这里的列级酒庄投资并成为主管方。他们认为这是他们农业信贷集团的重要组成部分，以此来展示自己的形象。

梦妮庄的小丘上的酒窖及品酒区，梦妮酒庄、杜卡斯酒庄（Château Grand-Puy Ducasse）、瑞丽·维诺酒庄（Château de Rayne Vigneau）、碧朗酒庄（Château Blaignan）、布拉克酒庄（Château Plagnac），2009 年未装瓶的新酒，也许我们都水平尚欠，红葡萄酒并没有感受到酒评家们给出的评价，但甜白瑞丽·维诺酒庄（Château de Rayne Vigneau）却让我感受到它的魅力，如果要用溢美之词，我会用比酒评家们更多的赞美，如果只用一句话：存上几箱，有机会就多喝，那是可以让你忘却烦恼，带来快乐的甜白葡萄酒。

"美人鱼"酒庄少庄主的晚餐

7 点的波尔多还是那么的阳光明媚，在这样一个明媚的春末夏初的下午，一杯香槟与精美的小食相配，园外一片的葡萄园，这样的田园景色，就是一个怡人难忘的记忆。辛口、无年份的香槟与美景相谐，那般的芬芳，令人陶醉。不知道是不是中国人还不习惯辛口及在口中跳跃的气泡，同行的朋友对小食的兴趣多于这款香槟（或许是过了中国人吃饭的时间点了）。

香槟打开的味蕾伴随着朗朗晴天，葡萄酒与美食的钟声开始了又一个波尔多的"婚礼"。

餐桌上方，古老的水晶灯折射着星光，桌上的时令水果令你无论在哪个角落都能随手拿到。就餐仪式总是严格地按规定程序进行。庄主自家拥有的几个列级酒庄的酒渐渐让大家进入佳境，我们这些中国来的客人，终于不再遵守"礼貌规矩"太严的餐桌，开始中国式的敬酒。在西方语系中"干杯"需要用很长一段话来表达，而且还言不尽其意，他们通常都说“santé”，意思是“祝你健康”，轻轻地碰杯饮一口各自喜欢的量。红庄（pont rouge）庄主 De Luze 先生在我们的热情下依然是法国式的客气。中国的“干杯”，已经成为波尔多的通用语。在热情、奔放的中国客人的攻势下，贵族式礼貌渐行渐远，葡萄酒让大家变得越来越有热情，De Luze 先生太矜持转而大家先攻他的合伙人，这位多次到中国的波尔多酒商倒也习惯中国人的热情，气氛渐渐地开始活跃。少庄主在客人的热情下畅快尽性，连太太所拥有的名庄酒也拿出来与我们分享，一起同来的另外两位庄主也渐渐地脸泛红晕，女主人也许是第一次见识这样奔放的客人，似乎有点不适，患有“帕金森症”的老庄主始终作为一位“旁观者”参与我们热闹的餐宴。

日日的美食我已不记得那天的酒水单了，但那天的记忆关键点是：少庄主的干邑。

晚宴的甜酒后，少庄主请我们移步地窖喝咖啡。咖啡还未上，1 瓶 1983 年的干邑，是他们自家的家酿藏酒被少庄主拿来。De Luze 先生这位老派贵族与合伙人一起，准备在地窖里用他们干邑再次表达他们的热情——放倒中国客人。恰好，我们这一行人中，有“干邑达人”，更有豪情万丈的精英。葡萄酒后喝干邑还真是需要水平哦。他们哪里知道，这下子是撞到枪口上了。送我们离开时，血都热起来的法国庄主、老派贵族、合伙人，拥抱+贴面礼与我们送别，少庄主更是中国式的抱拳+法国式的屈膝表达他的尊重。他们开心地告诉我们，他们很快乐。第二天，我们听“线报”，两位与我们“血拼”的法国庄主、老派贵族及老板醉倒在中国客人的热情里。我们的精英，大有“醉卧沙场君莫笑，古来征战几人回”之气势。

水晶潋滟几时回

玛歌美酒是欢乐的源泉

光洁完美的玛歌橡木桶

玛歌的橡木桶

玛歌长长的林荫道，宏伟的城堡有太多人赞美过。一切美都会让人喜欢。玛歌红葡萄酒，你喝了或许会让不爱说话的人也不禁要开口赞美它。我们同行的伙伴，一路话少，似乎一直不在状态上，到玛歌庄的那天上午，玛歌让他欢快起来，这让我看到了葡萄酒的魅力。我就此相信，感动心灵的葡萄酒在那里静静地等待着你。

品酒室旁有间小作坊，那里粗陋、简单的工具看起来很原始。玛歌庄的橡木桶，就是在这里经过工匠的手制作完成，而后才进入到孕育葡萄酒的阶段的。厚厚的橡木片需要花多长时间才能

整齐崭新的橡木桶却承载着玛歌堡厚重的葡萄酒历史底蕴

被火烤成弯弯的符合做桶的弯度？橡木间的接缝怎么让它不滴酒？橡木桶不受虫子侵袭吗？

玛歌这样的庄是用100%的新橡木桶陈化葡萄酒的，手工、工匠，酒庄请工匠来制作上千个橡木桶，第二年这些桶就会离开玛歌庄，听起来有点伤感，它的灿烂在于为葡萄酒而生。我手摸那光洁的橡木片，那是工匠花了多大功夫才使它完美地将它打造成这样的？它坚实而细腻。我看那些半成品，似乎觉得它们之间没有缝隙，是完整的一棵树，不过可以看到半成品缝隙间有一片叶子夹在其间，这片叶子就是橡木桶不漏的秘密；我们看到成品的桶有藤条扎口，藤条使葡萄酒在橡木桶陈化期间不受虫的侵扰。

葡萄酒简单地只是为你快乐而生，但它孕育的过程，有一份生命成长的感动。

玛歌：可亲近的女皇。

木桐庄的午餐

跟法国人特别是充满老贵族作派的酒庄，矜持是必不可少的。我们拿捏着到木桐庄的时间比约好的时间晚5分钟，这是咱必须的气质。

这里，你无法进入的生活空间，规模不大的展览馆为我们展示了木桐庄所拥有的全部酒庄品牌。

我们跟木桐庄的约会是在波尔多最有影响力的经纪人安排下前往的。顶级名庄的CEO，礼仪周到但绝没有其他名庄的热情，所有一行人说话都低了几度，不好意思表现热情。

餐前的香槟是木桐庄自家拥有的香槟品牌，餐前的交流，让我们觉得“好闷”，礼貌周全，来自礼仪之邦的我发现，中国现在是客套，无仪。木桐庄香槟好喝，可有点拘束。

就餐的餐桌上每人有一张餐牌，主人的精心及周到带着矜持的柔意，大家都不是那么放松，也许是不想表现得自己太“粗放”？管家带领的侍酒师及服务生服务妥帖，餐很可口，跟葡萄酒相配很和谐，只是气氛不活跃。

我注意到这个餐厅的陈设到处都有绵羊。

临走时，主人很精心地送上他们的酒标艺术海报表达对我们的热情。人情更增添了木桐葡萄酒“绵羊”的柔情。

他们的香槟在中国内地没有，木桐干红当然少不了。

被低估的飞爵酒庄

波尔多左、右岸真是有很大的风格不同。

左岸，酒庄个个像建筑标签一样矗立；右岸乡村风格朴实的让人不以为那里在几百年前就已经是名庄了。

玻美侯产区酒王帕图斯与飞爵相邻，白马酒庄原本是飞爵酒庄的一部分，飞爵酒庄几百年来守着自己的庄园，对自己与白马的巨大差异倒也释怀。

点滴皆是岁月情

庄园不宏伟，我们就在酒窖入口的品酒室品酒。巨大的挂毯所经历的岁月，诉说了这个家族对酒庄所拥有的历史。

飞爵庄风华朴实

飞爵庄浑厚的名庄底蕴

飞爵庄朴拙大气

飞爵庄古朴深沉的历史见证

品酒室里历经沧桑岁月的挂毯无言地诉说着飞爵的故事

飞爵庄数百年的橡木桶尽显神秘风采

品读飞爵感悟岁月

寂静的酒窖在等待着有情人的拥抱。350年的“穆哈”橡木桶像公主的嫁衣为2009年的飞爵干红添了一层神秘与岁月的记录。

同是一级庄它那富有人情味的价格，让我可以尽可能地喝不同年份的飞爵，能够很好地感受它不同时间给它烙下的记忆标签。

右岸帕米庄（Château Pavie）的和谐

离开木桐酒庄我们驱车到位于右岸的帕米（Château Pavie）。这个被罗伯特·帕克赞为右岸“拉菲”的一级庄不断地被世界各地的葡萄酒评家赞美。2000年，帕克评给六家酒庄100分，帕米庄就是其中一家。在我们到达酒庄时，才知道酒庄庄主发生了意外，很不幸地在改造自己葡萄园时，从高处摔倒住院了。接待我们的是他的女婿。帕米庄，是庄主在波尔多购买的第5个酒庄。这位法国一家超市的大股东，在购买了第一个酒庄后就爱上了波尔多的葡萄园，他与典雅的夫人及女儿一同住在了波尔多的酒庄不再离开，这些年来持续在波尔多买下了8个酒庄。

他们或许可以说是中国人所说的“新贵”的代表了。在我们这些天看了太多的酒窖的情况下，他们家新建的酒窖体现了庄主的精心。波尔多旧火车站拆除时，庄主买下了那些可以利用的石头拱门，那些见证了波尔多历史的石头，帕米酒庄将它们用在了酒窖的主体部分，它们继续着波尔多的故事。庄主的城堡在他们拥有的另一个酒庄地Château Monbousque。我们驱车来到他们新建的庄园城堡。野兔在城堡前的草坪奔跑。城堡与野兔好像一个古典的故事。草坪边的大树、池塘边的树，让城堡带着童话色彩展现在我们眼前。后院步行50—100米，一个自然形成的池塘，没有污染，没有气味，鱼很多但好像不缺氧气，自由自在地向我们张嘴要食。孔雀，在城堡看到它你会开心吗？我很开心，骄傲的孔雀，高贵地让主人不敢将它留在庄园，它在这美好的家园里只选择植物最精华的部分作为食物，太挑剔的它对庄园植被的严重破坏，使主人不得不将它放到庄园以外，不过它们还是会时常“回家”光顾，也许它们是回家来欢迎我们的。

傍着夕阳，庄主夫人以非常正式的，接待重要客人的方式招待我们。第一

右岸“拉菲”帕米

帕米庄旖旎的风景

帕米庄极具个性的标识

个程序依然是香槟，下午在后院，品着我不熟悉的年份香槟，悠然地欣赏孔雀在我们眼前，它骄傲地无视我们的存在，但你也不要想靠近它，它不允许。

庄主还未挂上墙的艺术品告诉了我们，这个家也是刚竣工。餐厅的窗打开着，我们在餐厅里仍与自然相近。从餐厅望见那前庭后院，不尽有点恍惚。突然，在草坪上看到小鹿，这样的生灵让我觉得童话世界真实的在这个时刻在我的生活中出现。葡萄酒，带我们进入了一个如此奇妙的世界，让你的人生可以有一个梦境镌刻在记忆里，我爱葡萄酒，它让我有着一个超越现实的仙境。

匆匆的行程总是让我没有机会在法国体验“米其林”餐厅的魅力。

波尔多旧火车站的石头在帕米庄继续见证历史

头盘：用鱼子为主料。那完全没腥味、不咸，带着海的余韵的鱼子酱（通常我们吃的马哈鱼籽酱因盐分太高而不被我们喜欢），以及它与干白葡萄酒的绝配，就是公主睡美人与白马王子的门当户对。

在上红酒时，一个小小的插曲让我感到十分享受。酒侍拿酒给少主品尝时，他似乎感到了一点异样，但不知哪里不对，庄主夫人让陪同我们一起来的波尔多酒庄主科利斯朵夫（Christophe Reboul Salze）品尝，他跟少主说：橡木塞掉进酒里了（轻描淡写的表述，让我感到他对葡萄酒的熟悉如同熟悉自己），他让侍酒师换酒。他的敏感及对葡萄酒细微变化的洞察力让我深深地感受到，原来人的味觉、嗅觉真的能感受到那么细微的不同。我同时因庄主对葡萄酒追求的完美呈现，也很佩服。

这样的家族盛宴的主厨使我们都觉得该表达我们对他厨艺的赞美的。我的好奇给了我很好的答案，庄主这天的主厨，是他们家在波尔多的“米其林”二星餐厅的主厨。很高兴自己在波尔多酒庄里享受了一餐一直希望体验的法国料理与葡萄酒的完美享受。

晚餐的关键点：院子里的小鹿、孔雀 + “米其林”主厨的料理。

餐厅窗外的马拉犁

左“拉菲”，右“木桐”，Château pontet−canet，这个酒庄夹在这两家五大

自在从容的马拉犁是 pontet-canet 酒庄的一大特色

顶级酒庄中间，一致被波尔多经纪人及大酒商看好。大家认为这是左岸酒庄中可以成为“和氏璧级的璞玉”。酒庄庄主年纪不小了。他恪守传统，从耕种到酿酒都是用最传统的方式。不用农药、不用机械，不理会酒评家、不做市场营销的葡萄庄园。你看着马拉着犁，不紧不慢耕过一垄一垄的葡萄树，你好像看到的是农耕社会时代的景象。

在我们走过的酒庄，基本上大家都开始用不锈钢酿酒桶了，顶级名庄也用了。这位庄主固执地坚守着用不好控制的橡木桶发酵，他希望他的酒传递出他对葡萄酒的爱，不仅仅有古典、传统的气质还有酒庄主的认真执著，他凝聚了波尔多葡萄酒文化的精神境界。酒评家们对他的酒评价如何，他并不关心，他关心葡萄酒如关心自己的生命，葡萄酒是他生命的结晶。

午餐

开胃酒是我热爱的唐培里侬香槟，没有人会说不爱这款香槟。在偏厅喝香槟我们可以看到葡萄园的耕作，在主餐厅我依然选择了能看见葡萄园的位置，美酒美食，窗外的葡萄酒……这是在北京，在都市，无法实现的葡萄酒体验。

葡萄酒世界里，好奇可以让你更多的受益。老庄主的餐厅里摆着一个百年的自家酿制的干邑，我很好奇地打量，换来了庄主的热情，他在那余下不多的酒瓶里给我倒了一杯，百年珍藏让干邑不那么烈，我不懂干邑，但感受到它的茗香在齿间，这让我觉得有点餐后波特酒的感受。

短暂的波尔多行程，我们感受了至少30种红葡萄酒。但每一次餐宴，终场的高潮甜白，总是只有“伊甘”代表法国盛宴的完美。5款不同年份的“伊甘”再加上在“伊甘”庄的品尝，“伊甘”的记忆更加丰富了。它的不可替代，让我只想更多地品尝年代久远的“伊甘”。它让我想起佳士得的2010年春拍对“跨越三个世纪的伊甘”并不激烈的争奇。在现场的我，看着两个电话竞拍者不同的竞拍状态能感受到竞拍者的心情。

我演绎当时的场景：男性代言人的表情，每一次举牌都跟电话竞拍者一次短暂的沟通，他非常希望自己的对手不再举牌；女性代言人，干净利索、毫不

飘逸清丽的伊甘庄

伊甘庄酒窖象征着无尽的人文内涵

经年不老的橡木桶是伊甘浓重底蕴的生动写照

滴金伊甘最能代表着一次盛宴的完美谢幕

犹豫地举牌。每一次女性举牌，男性都会注视着女性，那个眼神，似乎传递着：你能不能不再举牌，让给我。经过多轮较量，男性代言人终于作出不再竞拍的手势，女性代言人取得了“伊甘”的所有权。800 万港币，取得了 168 瓶伊甘酒的拥有权。没有什么惊心动魄但那是一份对“伊甘”的热爱。

波尔多的新贵“富二代”

“富二代”这个词肯定不是现在才有的，但在中国新兴的富豪不断产生的国家，“富二代”显得十分标签化。在波尔多，我们到了两个年轻人拥有的 Château Brilette 葡萄园。这个葡萄园有 40 公顷，由两个年轻的“富二代”拥有。一个做推广，一个做酿酒师。虽然酒很一般，但远离城市，放弃喧嚣的生活，进入到葡萄酒世界并热爱、执著地投入到葡萄园，认真地与葡萄为伴，在法国也是并不多见的。

趣事

走过波尔多看了很多的酒窖却不知他们的葡萄酒是如何装瓶的，在离开拉菲庄时，看见一辆车在做装瓶。我们在普莱蒙看到的是机械化和世界最新技术。整个流程机械化操作，所需要的工人极少，你看到的是大规模的工业生产。在波尔多，我偶然看到拉菲酒庄的装瓶是由一辆可以流的装瓶车完成的，自己忍不住八卦一下这个中国权贵最喜欢的名庄。非大规模生产的酒庄酒产量都小，自己拥有装瓶设备成本太高，将这部分采用我们看到的方式完成装瓶倒也省事并省成本。

在普莱蒙，我们看到日本与德国合作出品的葡萄酒过滤器，一年能过滤上千成瓶葡萄酒。在波尔多，葡萄酒都是用传统的方式过滤，倒也十分有趣，它的过滤需要借助鸡蛋清，我记得在上海我常喜欢“paul”买法国面包屋蛋黄糕，知道了葡萄酒的过滤方式，才知道这好吃的蛋黄制的糕，它产生的缘由，是因为葡萄酒的需要，而蛋黄被利用来做甜品，使得它不被浪费。

苏玳的雾

苏玳位于波尔多南部，整个地区的微气候独特。清晨，雾霭覆盖山丘，到了中午，雾慢慢地散去，气温也渐渐升高，每天的气温变化使得葡萄在一天里呼吸到的空气有很大的不同。在那特殊的采收季节即将开始时，葡萄在三到五天时间里迅速发生的变化像魔术一样，贵霉菌给葡萄带来的变化带着魔幻色彩，是大自然的鬼斧神工。伊甘，贵腐第一酒，占据了苏玳最美好的风土，在法国波尔多的苏玳，为世界带来无可替代的伊甘贵腐甜白。

在伊甘庄品尝还未经过熟化的2009年伊甘甜白，尽管还没有经过过滤，那金灿灿的液体透着光泽诱惑着你。呷一口一入口就滑入你丹田的伊甘，似乎那花香、果香会从你的鼻腔扩散到空气中。伊甘的CEO更是穿着中式服装陪伴我们这些来自中国的老朋友。

飘扬的中国国旗

我们在波尔多名庄除了品尝那让人陶醉的葡萄酒，还感到了他们对客人的尊重，这更让我们感到一份快乐。我们且不论那是因为中国巨大的市场，

国旗飘扬荡起绵绵乡愁

还是因为我们这批来自中国的客人对葡萄酒文化的喜爱，在这些名庄，我们所到的酒庄都为我们挂起了中国国旗，在异国他乡，国旗，让我们感到很亲切，也使我们对波尔多的名庄庄主多了些热爱。也许法国人是骄傲的，但他们懂得如何尊重。

泛黄的葡萄叶下永不褪色的美酒记忆

沉醉葡萄酒

佛祖“拈花一笑”给人间永恒的思考。
葡萄酒“一瓶一世界”给世界无尽的“猎奇”。
参禅，灵魂的修行。
葡萄酒，微熏中的解脱；
微熏中呈现那原始森林，
佛祖的微笑，
动人的初恋，
引发乡恋的音乐，
震撼世界的艺术，
思考，思考你的人生。
感动，在葡萄酒的世界里被感动，
摇晃了那么多的酒杯，葡萄酒那么单纯又复杂，它的深邃深深地吸引了我，
葡萄酒，你如佛祖“拈花一笑”
我会心与一笑。

不能不说的艺术与美酒

朱莉娅·罗伯茨主演的电影《蒙娜丽莎的微笑》中，她在课堂上与学生谈艺术的评价体系。这让我想到葡萄酒的价值体系。葡萄酒，人们关注的是名庄、是年份、评分。对于木桐酒庄，除了年份、评分，大家更着迷于绘画艺术衬托下的葡萄酒。你不能不佩服男爵，最好的酒庄之一，这看似无法超越的事实并没有使他受限。超越自我，以艺术奠定自己在葡萄酒世界无法逾越的巅峰地位是他对葡萄酒艺术价值的贡献。这样一个艺术与商业的完美，让我仰视。木桐·罗斯柴尔德酒庄，戈雅、塞尚、毕加索、达利等等，这些伟大的艺术家为木桐庄的美酒谱写了辉煌的历史。

波旁王朝时期，波尔多地区因沼泽而无法种植葡萄。此时的罗斯柴尔德家族深知太阳王路易十四喜好葡萄酒，便在南方郎格多克省购置了葡萄园并开始酿酒然后进贡皇室。品质优良的酒立刻被皇室认可。为了表彰罗斯柴尔德家族对皇室的忠诚，酷爱艺术的路易十四国王将普桑的名画《酒神节》赐给了罗斯柴尔德家族。后来家族将《酒神节》捐给了卢浮宫。

菲利普男爵夫人是如今木桐·罗斯柴尔德家族的掌门人，也是酒庄的庄园主，她承袭了家族的艺术观。如今，年事已高的她长期居住于巴黎，只有在每年 7 月回到酒庄度假。

1804 年，西班牙画家戈雅在波尔多游历时，在木桐酒庄住了一个月，创作出了著名的《裸露的玛哈》。一部根据戈雅在波尔多的故事创作的电影《波尔多欲望》讲述了他在木桐庄生活的那段日子的故事。似乎艺术家们总是对木桐庄情有独衷，泰奥多尔·卢梭、米勒、塞尚和库尔贝等纷纷入住木桐酒庄，并创作出了《亚当鸟的林阴》、《树木与房屋》等世界美术史上著名的作品。

木桐·罗斯柴尔德酒庄能够始终受世人关注，要归功于男爵夫人的父亲菲利普先生。1924 年，为了庆祝第一支在酒庄成功装瓶的酒，菲利普先生邀请了当时古巴著名的海报设计师简·昂为这瓶酒设计了一款至今看来也很另类的酒标，这是世界上第一张由艺术家设计的酒标。

二战胜利的 1945 年，菲利普先生突发奇想，决定启用当时法国年轻画家朱利安设计的代表和平胜利的 V 字型图案，作为木桐·罗斯柴尔德酒庄 1945 年的酒标。或许是艺术的震憾力使得菲利普先生每年都要请一位世界著名的画家为酒庄设计绘制酒标。

赫赫有名的毕加索、达利等著名艺术家们，在木桐·罗斯柴尔德酒庄的酒标上留下了他们的作品为木桐庄留下了不朽的艺术。当木桐庄年代久远的美酒已经无处可寻时，它的美酒艺术依然为大家留下美的享受。

木桐庄的酒标画囊括了印象派、抽象派、具象派、立体主义、表现主义、超现实主义、波普艺术以及涂鸦艺术等 20 世纪以来的最重要的美术流派。如果像集邮一样每年收藏一瓶，那几乎是一部浓缩的 20 世纪世界美术史。

对于木桐酒庄来说，1973 年是一个特别值得庆祝的年份。1855 年以来它一直是二级酒庄，那年被晋升为一级酒庄，从此它与拉菲、拉图、玛歌、奥比昂并称“波尔多五大”。当年，菲利普先生希望毕加索同意他使用已买下的毕加索的作品《酒神祭》做酒标，但当时毕加索没同意。1975 年，经毕加索的女儿授权同意，1973 年的木桐酒标用上了毕加索的名画《酒神祭》。虽然那一年的酒质一般，但却随着毕加索的酒标而成为流芳百世的藏品。

值得一提的是，1996 年的木桐酒标选用了中国著名书画家古干的作品《心连心》，两个“心”字若断若连，似书似画，具有浓郁的东方神韵。

据说给画家们的润笔费是 10 箱（120 瓶）木桐红酒，画前先送 5 箱窖藏 10 年以上不同年份的红酒，酒标使用后再送 5 箱当年的木桐酒。

2001 年 4 月，木桐酒庄曾经在北京中国美术馆举办过“木桐酒标绘画原作展”。这一展览曾在伦敦、柏林、纽约、东京等 30 多个城市巡回展出过。

如今，木桐·罗斯柴尔德酒庄已成了波尔多最吸引人的地方之一，来自世界各地的葡萄酒和艺术爱好者视那儿为不可不去的朝圣之庄。当我们与庄主一同品评美酒、美食，参观酒庄及著名的藏画和珍贵的酒标原作，酒庄的魅力深深植入心中。而酒庄精选 20 种酒标制成 30 欧元一套的名信片，具有纪念意义。

Mouton 酒标（Chateau Mouton Rothschild）

1945 年胜利年——菲利普·朱利昂（Philippe Jullian）。1945 年，为纪念同盟国的胜利，菲利浦·德·罗斯柴尔德男爵请艺术家在罗斯柴尔德木桐的酒标上增添一份艺术气质：用艺术凝固并庆祝二战的胜利。一个象征恢复和平的设计，在这样的背景下诞生了。他委托一位无名的青年艺术家菲利普·朱利昂（1921—1977 年）。朱利昂作为已崭露才华的设计师，以丘吉尔在战时始终用的“v”这一象征鼓舞自由力量手势作为创作核心的作品，得到了男爵的喜爱。这一年的这幅作品就以著名的“V 代表胜利”为酒标。朱利昂后来成为成功的戏剧家。

1946 年——让·雨果（Jean Hugo）。维克多·雨果作为文学大师受到世人的尊重，他的重孙让·雨果（1894—1985 年）早年迷恋于舞台设计，成名于 1921 年让·科克托的《游埃菲尔塔的玛丽们》一剧设计，此后，在莱奥尼德·马西纳及法兰西剧院担任舞美设计。他是法国公认的微型肖像大师。他在两次世界大战期间以设计面具及奇装异服而著称于巴黎各团体，后迁居法国南方，撰写回忆录《趁我未忘》。让·雨果在为 1946 年设计的酒标，采用了圣经中大洪水的故事：鸽子返回方舟，象征着第一个和平年。

1947 年——让·科克托（Jean Cocteau）。1947 年，小说家、戏剧家、电影制片人、画家、设计家、诗人让·科克托（1889—1963 年）以浪漫的情怀用单线画，创作了这一年的酒标。这位艺术家对形式完美及古希腊罗马神话非常热衷，属于伟大的法国古典主义传统人物。但他的敏感促使他不断向习俗挑战，他也属于超现实主义一派。佳吉列夫（Diaghilev）曾说：“他让我惊讶不已！”可惜的是，1947 年的原作遗失了，现在酒庄的这幅藏画是科克托的终生挚友——演员及画家让·马雷（Jean Marais）应菲利普之请而摹绘的。

1948 年——马丽·洛朗桑（Marie Laurencin）。1948 年，马丽·洛朗桑（1885—1965 年）以优美、柔和的女孩的青春面孔为木桐庄创作。马丽·洛朗桑绘画生涯的早期受立体派风格及毕加索黑色阶段的影响，并卷入了当年的前卫派运动。后来，她受包括博奈尔（Bonnard）及莫里斯·德尼（Maurice Denis）在内的“纳比斯”画家集团的启迪，走向了更重装饰的风格。她喜欢将技法置于色彩中，她的画色调十分微妙、柔和简朴，我们强烈地感受到她是个热爱优美的青春面孔的色彩主义者。

1949 年——安德烈·迪尼蒙（Andre Dignimont）。1949 年，是罗斯柴尔德木桐酒 20 世纪的最佳美酒之一，巴黎画家安德烈·迪尼蒙所绘的酒标是用纯情的笔调勾出的一座乡村酒馆的内景。他是一位才华横溢的设计师及水彩画家，也为许多名著画插图，如美国的《飘》。他的绘画还显示出对普通人消遣作乐的偏爱。

1950 年——乔治 · 阿努尔夫（Georges Arnulf）。乔治 · 阿努尔夫于 1921 年生于摩纳哥，罗斯柴尔德木桐 1950 年酒标设计，属于其早期的风格：清晰的线条和精确的透视显示了作为雕刻家的技巧，以此塑造了羊的形象。1951 年阿努尔夫以雕刻获罗马大奖，同年为木桐绘制酒签。阿努尔夫对前哥伦布艺术深感兴趣，遂于 1957 年赴南美，直至 1966 年，他在那里钻研彩绘玻璃及壁画。回到法国之后，他教授绘画，作品变得绚丽细腻，往往将人物与植物、石头及动物相结合，具有强烈的动感。

1951 年——马赛尔 · 韦尔特斯（Marcel Vertes）。马赛尔 · 韦尔特斯（1896—1961 年）生于匈牙利。他为罗斯柴尔德木桐所绘的 1951 年酒签中，通过一对男女牧人将那种天真无邪的欲表现得淋漓尽致。1925 年定居巴黎之前，他在维也纳，开始了他的招贴画设计师的生涯。他以一部画册《舞》（1926）奠定了自己的声誉，该书表明他是两战之间的一位目光犀利的观察家。

1952 年——莱昂诺尔 · 菲尼（Leonor Fini，1918—1996 年）生于意大利，莱昂诺尔 · 菲尼为罗斯柴尔德木桐设计的 1952 年的酒标是母羊羔，如同儿童练习簿中的信笔涂鸦，却张显了她的能力，通过简单的几笔优雅而精确的勾勒，将日常的现实提高到了梦幻的世界。她主要受前拉斐尔派及奥布里 · 比尔兹利（Aubrey Beardsley）的影响。后来，她加入了超现实主义运动，时常回到某个反复的主题：一种神秘的性欲，雄性的造型，神话的风光。她的品味、她的放肆，以及她那个多数都穿奇装异服的伙伴，引起过巴黎社会的激愤。

1953 年——百年纪念。1853 年 5 月 21 日，罗斯柴尔德家族英国一支的一名成员纳撒尼尔 · 德 · 罗斯柴尔德男爵（1812—1870 年）签署了一项契约，以 112.5 万金法郎的价额成为波亚克产区的布朗—木桐堡、连同 188 英亩的葡萄园的主人。他当即将该地重新命名为罗斯柴尔德木桐堡。为了纪念其 100 周年，菲利普男爵便将 1953 年的酒品用来纪念他的曾祖父。该年酒标是纳撒尼尔男爵当年的肖像。

1954年——让·卡尔祖（Jean Carzou，1907—2000年）的父母都是美国人，他曾学习建筑，1945年之后才显露画家的才华。他为1954年的酒标所选的幸运之轮，意喻着自然的神秘力量。他在1953年为小罗兰的《狼》及1970年为巴黎剧院的《拉·培里肖尔》设计的舞台布景为他赢得盛誉。在他的作品中，有一种存在于严格的几何透视及用来勾画人、物的线条纠缠之间的尖锐对比，其效果是高度的个性化及诗意化，从而赋予客观现实以一种幻想成分，将其超于化外。

1955年——乔治·布拉克（Georges Braque，1882—1963年）是为木桐酒标作画的第一位大师级别画家。他为木桐绘制的1955年酒标，是按印刷的标准尺寸绘制的，以一位伟大的艺术家的简练赞美了高贵的美酒。他和毕加索同为立体派的创始人，1913年拼贴画的出现使他运用更明亮的色彩。他后来的作品变得更富喻意：裸体像、风景画、静物都采用强烈的色彩。雕塑、彩绘玻璃及珠宝设计都为他增添了声誉。

1956年——巴维尔·切利乔夫（Pavel Tchelitchew，1898—1957年）生于莫斯科，1918年在基辅就读于美术学校，1923年定居巴黎。他为木桐设计的1956年酒标《酒渍》以牧羊的传统主题，表现葡萄的自然状态。1926年后，他与抽象派决裂，投身新浪漫展览派，于1928年为佳吉列夫（Diaghilev）的芭蕾舞《颂歌》设计布景及服装。他随后成为超现实主义者，并于第二次世界大战开始时移居纽约，创作了像萨尔瓦多·达利那样的奇异幻象。

1957年——安德烈·马松（André Masson，1896—1987年）在木桐1957年酒标中创作了一曲醉心饮酒的赞歌。马松深受超现实主义的影响，他1929年宣称自己是对超现实主义“持异议的人”。20世纪40年代，他在美国成为行动绘画的早期实践者。

1958年——萨尔瓦多·达利（1904—1989年），他为木桐1958年酒标绘制的那只动人的绵羊，具有儿童画一般的纯真的魅力。

达利在其生活及绘画上都是超现实主义的大师，他生于卡塔罗尼亚，深爱“形而上的绘画”，于1928年被带进超现实主义运动。达利的作品无论是幽默抑或恐怖，色情抑或神秘，都具有极强的个人标签。

1959年——理查德·利波尔德（Richard Lippold）生于德国的美国雕塑家理查德·利波尔德（1915—）在木桐1959年的酒标中用自己的抽象语言诠释了葡萄酒的颜色及葡萄藤的交直线。利波尔德最初从事工业设计。1942年，他始创了线性雕塑的表现形式，从而创造了三维几何图形，此举使他在美国名声大噪。他的作品在美国所有的大博物馆都有陈列。

1960年——雅克·维永（Jacques Villon，1875—1963年）他在木桐1960年酒标中，在几何图形中将葡萄藤及鸟的运动形态表达出自然与社会的关系。

雅克·维永与雕塑家杜尚·维永（Duchamp Villon）及画家马塞尔·杜尚（Marcel Duchamp）是同胞兄弟。雅克·维永当年的绘画将立体主义建筑学的精确及他对光色问题的兴趣结合在一起，后来，他回归了更传统的形式。

1961年——乔治·马蒂约（Georges Mathieu，1921—）他为木桐1961年酒标所绘的爆炸似的动感作品属于典型的Mathieu风格。马尔罗（Malraux）盛赞他："西方终于有了一位书法家了！"。他于1947年迁入巴黎。这位自诩的"抒情的抽象艺术"的创始人发明了一套匪夷所思的符号系统，他认为是他自己内心的原生暴力的表达。他写道："绘画只能是一场行动。"

1962年——罗贝托·马塔·艾克奥伦（Robert Matta Echaurren），他为木桐绘制了1962年酒标，画家说明道："它的润泽柔嫩将融化最坚硬的心。"艾克奥伦出生于智利。1935年，他在巴黎加入超现实主义。二战期间他在美国，受到唐吉及杜尚的影响。1948年返回巴黎，为联合国教科文组织在巴黎的大厦绘制巨幅壁画。

1963年——伯纳德·迪富尔（Bernard Dufour，1922—)为木桐所绘的1963年酒标弥漫着自然之乐：草地上人享受着葡萄之乐。他曾攻读农业工程，1945年成为画家。他早期的作品倾向于抽象风景，到了50年代晚期，他的画多为肖像画：具有强烈悲剧感的男性头部及女性裸体，在原本总是透过记忆或梦想看到的现实上增加了一种性欲的维度。

1964年——雕塑家亨利·摩尔（Henry Moore，1898—1984年）为木桐所设计的1964年酒标中，三只由手捧着的金色的高脚酒杯唤起了某种古代盛典时的肃穆情绪。他是英国约克郡一位矿工之子，就读于皇家艺术学院。自认受到布兰库希（Brancusi）及前哥伦布艺术的影响。他从这两个源流发展出一种表现人体的新方式，其作品已将他置于当代一流雕塑家的地位。

1965 年——美国画家塔宁（Dorothea Tanning，1912—) 她为罗斯柴尔德木桐 1965 年酒标绘制的“羊羔的萨拉班德舞”，真切地表达了她的灵感：一个充满了飘逸优雅的梦幻的世界。

她于 1963 年在纽约的现代艺术大博物馆接触了超现实主义。她始终对超现实主义理论忠心耿耿，并将自己的奇思异想——庞大的花朵，衣衫褴褛、妖精似的小姑娘，带给该艺术表现形式。她的艺术表达也是各式各样：舞台设计、蚀版画及雕刻。

1966 年—皮埃尔·文卡斯克（Pierre Alechinsky）。画家、设计家及诗人 Pierre Alechinsky 生于布鲁塞尔。他为罗斯柴尔德木桐 1966 年设计的酒标所绘的“嗜酒之羊”，幽默、风趣，快乐呼之欲出。他是一位“巴罗克表现主义”。他和他的诗友克里斯蒂安·多特利蒙一起建立了所谓的“科布拉”（科隆—布鲁塞尔—阿姆斯特丹）小组，旨以“巴罗克表现主义”取代抽象与具象艺术间的对抗。他的画总是表现处于流动状态的荒诞离奇的世界。

1967 年——恺撒·巴勒达西尼（César Baldaccini，1921—1998 年）。他为罗斯柴尔德木桐 1967 年酒标绘制的作品，构图是那个年代最重要的工业制品：长号螺母及螺栓，以表现工业社会与传统间的关系。

他生于马赛，1943 年迁居巴黎。1960 年，他推出了著名的《浓缩》：碾碎的汽车以及其他受到类似遭遇的耐用消费品。他为自己使用金属片辩护：“大理石过于昂贵，而旧铁片遍地都是。”他成功地将其化为艺术作品。1966 年，他转向更柔顺的塑料，并“扩展”到聚氨脂，对我们的时代作出了毋庸置疑的贡献。

1968 年——意大利画家博纳·蒂贝特里（Bona Tibertelli，1926—2000 年）。她为罗斯柴尔德木桐 1968 年酒标绘制了“母羊”，值得与莱昂诺尔·菲尼 1952 年设计的酒标一比。她于 1950 年与安德烈·皮耶尔·德·曼迪亚古斯（Pieyre de Mandiargues）结婚，他将她带进巴黎的前卫知识分子圈。她的才华遂在异想天开的画面中得以发挥。作为一个虔诚的超现实主义者，她实践“移画印花法”

或称自动绘画。1958 年她移居墨西哥，从那时起，她的作品便向抽象演化，她的最大成就在于创立拼贴画。

1969 年——生于加泰隆尼亚的米罗（Joan Miro），为罗斯柴尔德木桐 1969 年绘制的酒标的主体是一颗硕大而血红的葡萄。包含着对罗斯柴尔德家族的含蓄又聪慧的敬意。米罗在 1919 年移居巴黎，并由安德烈 · 马松（André Masson）介绍给超现实主义者，安德烈 · 布勒东（André Breton）将他当作精神上的领袖来欢迎。1924 年，他以具有强烈色彩、外形及象征的世界，然而却充满了童稚的光明及无邪的形式奠定自己的风格。

1970 年——画家、版画家和雕塑家马克 · 夏加尔（Marc Chagall，1887—1985 年）。画家、版画家和雕塑家马克 · 夏加尔生于俄国的正统犹太家庭。他为罗斯柴尔德木桐 1970 年酒标所创作的画，充满着温暖，鸫鸟撒拨，母亲、孩子，栩栩如生的葡萄。

他 1932 年在法国定居；二战期间住在美国。他的绘画综合了犹太及俄国文化传统，是一个似在空间飘浮的世界，半属真实，半属象征。

1971 年——瓦西里 · 康定斯基（Vassili Kandinsky，1866—1944 年），生于俄国，先后成为德国及法国公民。用作罗斯柴尔德木桐 1971 年酒标的是他绘于 1939 年的作品，属于他的“建筑学”阶段。原作现存放于巴黎篷皮杜中心。他在抽象艺术的崛起中起着关键的作用。1908 年他对艺术的思考：“我确知主题会削弱绘画，然而，这样就会有一个骇人的深渊在我脚下敞开：该用什么来取代主题呢？”1910 年在慕尼黑，他绘制了在艺术史上永远占有一席之地的第一幅抽象水彩画。

1972 年——谢尔盖 · 波利雅柯夫（Serge Poliakoff，1900—1969 年），他为罗斯柴尔德木桐所绘的 1972 年酒标，体现了佳酿的全部品性：均衡，色泽，醇厚。他生于莫斯科，由于 1919 年的革命而被迫离开俄国，于 1923 年在巴黎定居，并在那里遇到康定斯基。他受罗伯特及索尼娅 · 德洛奈（Sonja Delaunay）色彩理论的影响。1945 年起，他找到了自己的个人风格：在不规则多边形的形式中，几乎是建筑平面图的色块，其色彩有时对比强烈。

1973—1973 年属于伟大的毕加索。这一年，是波尔多地区葡萄酒的平凡之年。但这一年的木桐酒却因两年后毕加索的去世而被红酒爱好者竞相收藏。在古希腊神话中，每年春天葡萄开始发芽都举行“酒神祭”，毕加索的这幅画就是描绘酒神巴库斯与众神和女徒饮酒狂欢的情景。菲力普男爵买下这幅 35cm × 35cm 的画本来就是想做商标，但当时毕加索不同意，直到 1975 年毕加索死后，才得到他女儿的同意，在 1973 年份酒的商标上使用。

1974 年——美国画家罗伯特 · 马塞维尔（Robert Motherwell，1915—1991 年）原先学习哲学，后来才成为画家。他为木桐绘制的 1974 酒标，是他一幅完美的典范之作。

20 世纪 40 年代期间，经过一个短暂的超现实主义阶段，罗伯特转向了抽象表现主义。他被称作“哲学家—画家”，始终将实践与理论相结合。1948 年，他出版了一部论述马克斯 · 恩斯特的专著；1952 以前，一直担任《现代艺术文献》的编辑主任，该刊将达达主义的绘画、草图及手稿凑集在一起。此时，他本人的绘画已臻完全成熟，以反复纠缠的大块浓黑的形状为标志，有些介于抽象及书法之间。

1975 年——安迪 · 沃霍尔（Andy Warhol，1928—1987 年），他为木桐 1975 年设计的酒标中以菲利普男爵为模特，一如既往地使用了拼贴手法，将男爵的幽默与严肃同时表现出来。他被誉为 20 世纪艺术界最有名的人物之一，是波普艺术的倡导者和领袖，也是对波普艺术影响最大的艺术家。他最出众的风格是透过丝网印刷手法和不断重复影像，将人物化成视觉商品，代表作包括《玛丽莲 · 梦露》、《金宝罐头汤》、《可口可乐》等。

1976—皮埃尔 · 苏拉奇（Pierre Soulages），法国当代著名抽象派画家。他为木桐 1976 年创作的酒标中，以木桐庄法文的首个字母 M（Mouton）和 R（Rothchild）为表现主题，用自己最具特征的色彩创作了这一年的酒标。他说他创作前，心里波澜不惊，好象在等待什么，他在等待自己心里的声音，等待捕捉很远的自然界里一种神秘的声音。20 世纪 70 年代他的画作以单色调——黑色占主角，有时也会使用栗色或者钴蓝。

1977 年——为了纪念英国王后访问梅多克地区，推出了纪念酒标。

1978 年——让 · 保罗 · 里奥皮勒（Jean–Paul Riopelle），他为木桐设计的

1978 年酒标用颜色及图形，体现那种境界，色彩厚重鲜艳，在几何图形中体现了种种相谐与冲突。

保罗生于加拿大蒙特利尔。他的油画非常抽象，是战后先锋派的杰作。在 20 世纪 40 年代后期，保罗是蒙特利尔一个自然艺术之家（Automatiste group）的成员。这个团体里面都是一些超现实主义的画家，他们寻找着“自然”，就是自然流露，不受意识和推理的控制。

1979 年——堂本尚郎（Hisao Domoto），是第一个受邀为木桶创作酒标的日本艺术家。1979 年的木桐酒标，是他第三阶段艺术风格。这个时期他的作品，韵律感很强，节奏的动感和循环原理的表现，鲜明的辐射状的颜色混合着液体的流动，显得生动活泼。他 1928 年出生在京都普通家庭，他工作的灵感天马行空，不遵循一般的理论。

1975 年至 1979 年木桐艺术酒标

1980 年——汉斯·哈同（Hans Hartung），抒情抽象派的先锋。1980 年他为木桐庄设计的酒标，以线条与色的关系表现他的世界里的天之力量对他的影响。他在少年时，喜欢在练习本上涂画雷雨中的闪电，这在他成为一名艺术家后依然能感受到那影响的深远。他偏爱体现疾速的线条的感觉，用炭笔或毛刷捕捉瞬间。在小小的尺寸上，色块伸展开来，覆盖了整张画布的表面，体现深度和能量，画布上长长的黑色抓印，体现了他内心世界。

1981 年——阿尔曼 · 费尔依戴（Arman Fernandez)，以他“愤怒系列”小提琴的彩色版为木桐设计 1981 年酒标。他作为尼斯的画家和雕刻家，1960 年他与伊夫 · 克来因（Yves Klein）和皮埃尔 · 雷斯坦利（Pierre Restany）共同建立了新现实主义学派，此学派反对抽象美学概念，着重表现日常事物。他著名的“愤怒系列”，夸张地表现了物体的爆炸，特别是乐器的爆炸，表现的张力虽然来自于爆炸，但并不局限于物体爆炸力。

1982 年——约翰 · 休斯顿（John Huston，1906—1987 年），他为木桐罗斯柴尔德 1982 年酒标所作的水彩画，是他的最后一幅作品。感性、雅致，画作用色温暖，同主题格调非常相符，一只公羊，在酒神节上欢欣起舞，身边是永不分离的同伴，太阳和葡萄树。约翰 · 休斯顿以电影导演身份为人所知，他曾是一名拳击手、作家、驯马师、猎人、演员、才华横溢的天才画家。他为了“祝贺我亲爱的朋友拜伦 · 菲利普（Baron Philippe）在木桐（Mouton）酒庄的第六十个丰收年”所绘的酒标，表达了他对朋友的友爱，以及对这片土地的迷恋。

1983 年——索尔 · 斯丹伯格（Saul Steinberg，1914—1999 年），他为 1983 年的木桐酒标作画，充满着个人色彩。一个沉浸在美丽的只属于自己的风景中的人。充分展现了他的个人漫画风格。他是美籍罗马尼亚人，动画片制作家，《纽约客》杂志漫画家。他画的每个封面，都被赞曰“引起共鸣”或“启人感悟”。1976 年他所画的曼哈顿图画《纽约客》，被美国杂志编辑学会 (ASME) 评为“最佳美国封面杂志”。

1984 年——亚科夫 · 阿加姆 (Yaacov Agam，1928—)。1984 年木桐庄的酒标设计在极小的空间，将他的运动艺术完美地呈现给大家。亚科夫 · 阿加姆是一位国际知名的先锋派以色列艺术家、画家、雕塑家和实验艺术家。他是倡导动态艺术运动的先驱，并因此而享誉世界。阿加姆的艺术作品融合了未预见的因素作为第四维的时间。众多著名博物馆收藏了他的艺术作品，包括美国纽约现代艺术博物馆 (The Museum of Modern Art)、法国巴黎蓬皮杜中心 (Centre Pompidou)、以色列耶路撒冷的以色列博物馆 (The Israel Museum) 等。

1985 年——保罗·德尔沃（Paul Delvaux）。1985 年的酒标，他创作了两个纯朴的女孩站在一起，凝视，触摸并品尝一串葡萄的场景。体现了他受到超现实主义的影响：不重现外部世界并记录下真实的形象，而是发掘自身生活深处的亲切、秘密。

1986 年——贝尔纳·塞如内（Bernard Séjourné）。该年酒标的创作选用了古代文化中的形象，刻画了三个有黑人特点的白人面具，画中妇女半闭的眼睛，纤长的脖子，贝壳与异国的花朵，是当时的先锋作品。他可称为海地天才画家，他的作品与他的同胞的天真风格不同，充满神秘和精致。人们可以在水粉色彩与迂回的曲线中感受到梦幻的甜美。

1987 年——汉斯·艾里尼（Hans Erni）瑞士画家。这年是菲利普男爵作为庄主的最后一年。此年酒标体现了艺术家以男爵为模特，画的是 1987 年的男爵形象，并把他的形象与木桐的标志牡羊结合在一起，他写道：献给我的父亲，木桐的革新者，菲利普·罗斯柴尔德男爵，并祝贺木桐第 65 个丰收季，代表了画家最大的敬意。

1988 年——凯斯·哈宁（Keith Haring）。1988 年的酒标以木桐的标志——羊为题创作，以这个住在纽约下城东村的艺术家的标志性风格——小小的印章

1984 年木桐艺术酒标　1985 年木桐艺术酒标　1986 年木桐艺术酒标　1987 年木桐艺术酒标　1988 年木桐艺术酒标

线条式简笔画体现主题材。

凯斯·哈宁是20世纪80年代期间纽约派中最主要的领导人物。他对于街头到处可见的涂鸦和波普的艺术家的一些作品有浓厚的兴趣。美国波普艺术家汤姆·奥登斯（Tom Otterness）的作品《渡渡鸟》那种具有卡通角色的欢乐趣味的特征对他影响很大。哈宁的作品充满了非常欢乐的小人物形象，也有大量的性象征形象，描绘的手法非常流畅而简单、明确，游戏娱乐感很强。他的许多作品都被称作《无题》。他的"小人"形象目前也被广泛地应用在服装、室内装饰、广告设计上。可谓是涂鸦文化的一代宗师。

1989年——乔治·巴塞利兹（Georg Baselitz）。德国画家，为木桐创作的1989年酒标，结合了木桐的标志性形象羊和1989年的大事——柏林墙的倒塌，画家在酒标上用德语写道："另一边现在也属于我们了。"

他1938年生于德国的萨克森，1958年20岁时穿越柏林墙从东德到了西德。巴泽利兹对绘画的纯粹图像因素感兴趣，而有意忽视叙事性和象征性。从1969年开始，他改变主题，画处于混乱世界中的人形。他经常画上下倒置的人体，在这样的画中，人物似乎在向上升，重力似乎颠倒了。这种遵循象征主义的新的绘画视角，给公众感官带来一种全新的艺术感受。

1990年——弗兰西斯·培根（Francis Bacon）英国画家，为木桐创作的作品似舞非舞，酒杯与肢体动作表述着画家思想。他于1909年10月28日出生在爱尔兰的都柏林，后来移居英国。弗兰西斯的绘画风格曾深受西班牙画家毕加索的影响，并受到后来兴起的超现实主义风格的熏陶。他本人也是葡萄酒爱好者。其作品以粗犷，犀利，具强烈同性恋色彩和经常性的暴力与噩梦般的图像著称。中后期作品主体为在狭小空间内的玻璃或金属几何笼子里的抽象雄性肖像，背景通常为极平坦的平面。

1991年——出田节子（Setsuko Ideta）。1991年的木桐酒标由日本画家出田节子创作，画中隐喻了葡萄酒的一生：先是一束开的花，之后是果实成熟，由人们收割，然后变成了酒。作品是她的典型风格：静物绘画，排成一排静静的五颜六色的物体。

1992年——佩尔·柯克比（Per Kirkeby）。丹麦色彩画家。1992年酒标中，画家用弯曲的线条勾出一只酒杯，色块与线条的运用表达了画家对葡萄酒的情感。他的作品很难归于某一特定的艺术门类。1962 年，佩尔开始绘画创作，整个 60 年代，他一直参与西方后现代流派——激浪派（Fluxus）艺术运动。佩尔认为自己首先并且主要是一位绘画艺术家，但他还广泛涉猎其他的艺术门类，诸如雕塑、素描和版画制作。其次，他制作电影、写书、诗歌及批评性散文。其设计和建造的公共及私人建筑遍布欧洲。

1993 年——巴尔蒂斯（Balthus，1908—2001 年）。他是法国当代著名画家，1908 年出生于巴黎。巴尔蒂斯为木桐创作的 1993 年酒标，使用了他作品常用的主题：一个有着成熟眼神的女性。人们可以从作品感受到内心世界，在凝视画布的那一刻在心内感受到一丝永恒。

1993 年的酒标，这幅性感的裸体少女，被美国烟酒枪械爆炸物管理局 (BATFE) 禁止上市。当时的酒庄主人坚持不换，在美国上市的酒标以空白取代裸女的位置，此举引发收藏家的竞相收购两个不同的版本，这导致在拍卖会上，木桐酒庄的酒更为昂贵也更有收藏价值。巴尔蒂斯一生从未进过艺术学院学习，他依靠自己的勤奋努力和始终不渝的艺术信念而获得成功。在现代派艺术大行其道的西方，他始终不向时尚妥协，坚持用写实的手法表达自己作为现代画家

1989 年木桐艺术酒标　1990 年木桐艺术酒标　1991 年木桐艺术酒标　1992 年木桐艺术酒标　1993 年木桐艺术酒标法国版

的真实感受，他的人物画、静物画和风景画，都是以极其严肃认真的态度进行思考和描绘的产物。

1994 年——卡雷尔 · 阿佩尔（Karel Appel）。他是第一个为木桐创作酒标的荷兰画家，酒标作品描述了一对饮酒后的夫妇绕着绘有图腾的瓶子四周跳快步舞的场景，就像感受到了葡萄酒的生命力。

画风粗犷而艳丽，接近美国抽象表现主义风格，他的代表作品有《自由的呼喊》、《女人与鸵鸟》。

1995 年——安东尼 · 塔皮埃斯 (Antoni Tapies，1923—)，西班牙著名当代抽象艺术家，为战后重要的欧洲艺术家之一。他为这一年木桐庄创作的作品，以心、鼻子、眼睛、耳朵、鸽子构成。画家自己命名这幅画为《血流成河的战场》。

作为生活在二战之后的新一代艺术家，塔比埃斯一向重视绘画艺术的纯粹感与对绘画语言的探索。有评论家会把他的作品归类为“物体绘画”。塔比埃斯，视材料为独特的语言形式，也视形式与技巧为单一的研究课题，力图赋予抽象的绘画一种诗意般的理性。他的作品对抽象语言和物质材料的研究，在 20 世纪 80 年代后期对为数众多的中国艺术家产生了深刻影响。

1996 年——中国画家兼书法家古干。他为木桐创作了 1996 年的酒标。酒标的“中国‘心’字”强烈地打下了中国艺术家的标签。这幅作品在富视觉冲击力的同时又很有寓意，名叫《心连心》。在画中，作者使用了流传千年的中国的书法元素。

古干是书法艺术的创新者，首创在书法中使用彩的墨，使之更有装饰效果。作品使用了五个不同的心形象征图案，每一个图形都有自己的颜色。

1997 年——庄主菲利嫔女伯爵邀请她的朋友尼基 · 德 · 圣法尔（Niky de Saint Phalle）创作 1997 年的酒标，作者绘制了一幅寓言画似的场景：从阳光到盘子，一张贪吃的嘴和一双伸开的手，表现了用餐时的愉快，一条蛇横穿整幅画，比伊甸园里诱惑夏娃的那条蛇还有诱惑力，正在向画中人物推荐一瓶葡萄酒。

1993 年木桐艺术酒标美国版 1994 年木桐艺术酒标 1995 年木桐艺术酒标 1996 年木桐艺术酒标 1997 年木桐艺术酒标

1998 年——墨西哥画家鲁菲诺·塔马约（Rufino Tamayo）曾在 1990 年答应为木桐创作一幅酒标，但不幸他在 1991 年就去世了。然而，他的家庭希望完成这个他未完的心愿，于是在他的画作中选出了一幅用作 1998 年的酒标。画作描写的是在淡红色的阳光下，一个握着酒杯的男人干杯的场景，这是墨西哥普遍的一种宗教仪式。画面寓意在蛮荒时代，人们就已被葡萄酒这人生之乐所征服。

1999 年——雷蒙·萨维那（Raymond Savignac），法国著名招贴画大师，他的作品闻名世界。在木桐这年的画面中，他再次用木桐的象征——羊，作为创作主题。诙谐、狡黠地一瞟，好像是邀请人们加入到享受葡萄酒的乐趣中来。简单线条的描绘，活泼对比性强的颜色，干净的背景，狡黠的眼神，充分表现了作者的风格。1987 年成立的国际招贴画展组织，以他的名字设立了“萨维那奖”。他是这个时代最著名的艺术家，从法国比克 (Bic) 到法航，从 Dunlop 轮胎到百事可乐都有他的作品。

2000 年——当年的酒标是木桐酒庄纪念千禧年的特别版。庄主菲利嫔女男爵特地从木桐堡葡萄酒艺术博物馆挑选了一个 16 世纪镀金奥斯伯格羊

（Augsburg Ram）的小雕像作为当年的主题。2000 年木桐堡酒瓶没有贴酒标，而是由技艺精湛的工匠运用先进的镀金技术直接在玻璃酒瓶上刻了这只羊的形象，使得整瓶葡萄酒成为一件精美的收藏品。

2001 年——罗伯特·威尔森（ROBERT WILSON）。在为木桐 2001 设计的酒标中，艺术家用绿色表达了葡萄嫩芽，金色代表阳光，红色和紫色分别代表葡萄酒成熟的阶段，在颜色中有若隐若现庄主菲利嫔女男爵的线条形象。

罗伯特 1941 年生于美国德克萨斯州，在德克萨斯和布鲁克林大学学习雕塑和建筑。他多元化的艺术爱好表现在多方面：绘画、家具设计、装置艺术和戏剧。1995 年上映了由他自导自演的独白剧《哈姆雷特》，他还在纽约附近建造了实验剧场“水磨中心”。

2002 年——卡巴可夫（ILYA KABAKOV），莫斯科观念艺术家，他在当时是颇有影响力的人物。在为木桐创作的 2002 年酒标中，他使用了自己特别偏爱的透视手法，将图形和多维空间结合在一起。他将这幅画命名为 OKHO（俄语：窗户），在空间的尽头，艺术家向我们展示了另一个世界：无尽的旋转，无数的翅膀轮廓将人们带领到酒瓶深处的梦幻天堂。他艺术生涯开始于 20 世纪 70 年代，到 80 年代时他的装置艺术在西欧已经很有名气了。其中最有名的装

1998 年木桐艺术酒标

1999 年木桐艺术酒标

2000 年木桐艺术酒标

2001 年木桐艺术酒标

2002 年木桐艺术酒标

置艺术《洗手间》还受邀参加了德国第 9 届卡塞尔文献展。在《洗手间》这幅画中，他用冷嘲热讽的艺术手法让观众了解到苏联的公有体制逐渐让位给私有制的事实。

2003 年——众所周知，自 1945 年以来，木桐堡酒庄每年都会邀请一位知名的画家为木桐堡酒设计酒标。木桐 2003 年佳酿更是一个期待，因为这将标志着一个酿酒家族五代人经营木桐酒庄 150 年的历史。1853 年 5 月 11 日，罗斯柴尔德家族的英国分支血统纳撒尼尔 · 罗斯柴尔德男爵（Baron Nathaniel de Rothschild）正式拥有了木桐酒庄。从 1853 年到 2003 年已经有 150 年的时间。为表达敬仰与缅怀之情，现任庄主罗斯柴尔德 · 菲利嫔女男爵决定将酒标的全部内容都用于描述那个历史性的年份和纳撒尼尔 · 罗斯柴尔德男爵——木桐酒庄的第一代主人。标签的背景显示了当年契约转让酒庄合约的部分内容，这份合约至今仍妥善保存在木桐葡萄酒艺术博物馆，象征着罗斯柴尔德男爵家族和伟大的波尔多葡萄酒几个世纪以来故事的渊源。

2004 年——尊贵的查尔斯王子正在步入 20 世纪伟大艺术家的行列，2006 年 11 月他的一幅水彩画被木桐酒庄选作 2004 年份酒的新酒标。查尔斯王子是位声名在外的水彩画家，喜好描绘巴尔莫勒尔堡（Balmoral）、山多利根（Sandringham）以及国内外其他王室居所附近的田园风光。木桐酒庄所选的这幅水彩画描绘的是蔚蓝海岸大区 (Cote d’Azur) 安提布岬 (Cap d’Antibes) 的松树。查尔斯王子并没有特意为木桐酒庄作画，是木桐酒庄庄主菲利嫔 · 德 · 罗斯柴尔德女男爵 (Baroness Philippine de Rothschild) 自己把它选作酒标。木桐酒庄的发言人接受采访时表示，选择查尔斯王子的水彩画是为了纪念 2004 年举办的英法友好协约（Entente Cordial）签署 100 周年。该酒标上刻写着："庆祝英法友好协约签署 100 周年，查尔斯 2004。"2007 年 2 月 23 日至 3 月 10 日，木桐酒庄在纽约曼哈顿中心举办"木桐酒标绘画原作展"，并为查尔斯王子这幅水彩画举行揭幕仪式，他这幅画被安置在毕加索的《酒神祭》旁边。

2005 年——著名雕塑家吉赛帕 · 帕诺内（Giuseppe Penone）。在他给木桐酒庄绘制的 2005 年份酒标图中，他表现了种植者富有生命力手指，葡萄叶延伸到饮者的手中。

这位意大利的艺术家1947年降生在著名酒乡皮尔蒙特省的Garessio小城。年轻时，帕诺内曾求学于都灵，在此期间，他成为了意大利“贫困艺术”运动的领导者之一。2004年，帕诺内在巴黎的蓬皮杜中心举办了他的个人作品回顾展。在帕诺内的艺术生涯中，他一直在寻求植物世界与人体的联系，他认为这个联系将会揭示出两者之间物质的实质性。

2006年——卢西恩·弗洛伊德（Lucian Freud）。卢西恩是在德国出生的英国画家。他此次为木桐庄葡萄酒设计的酒标，画着酒庄传统的公羊标志、红色条纹的斑马和一棵盆栽树。86岁高龄的卢西安是大名鼎鼎的心理学家西格蒙德·弗洛伊德的孙子，被公认是英国最伟大的当代画家之一，其作品在伦敦佳士得与苏富比拍卖会上的拍卖价格位居当代艺术家榜首。卢西安·弗洛伊德的名画之一《睡着的福利官》在纽约佳士得拍卖会上以3360万美元的价格售出，创下当代艺术家作品最高拍卖记录。

弗洛伊德的作品往往带有某种自传的性质，对同时代的各种艺术潮流毫不关心，而只是专注于表现自己及其周围亲朋好友的生活。这种都市隐士式的生活观，使作品具有一种神秘的魅力。

2007年——伯纳·维内特（Bernar Venet）。68岁的法国雕刻家、画家伯纳·维内特先生设计了2007年的酒标。对于维内特设计的作品，木桐庄将其理解为“一只鼓起的橡木桶，其弧线让人联想到圣杯的轮廓，开口处类似藤本植物的砧木，用于承接珍贵的礼品。”

在法国Nartuby河，你可以看到维内特的私人画廊所展现出的一种农艺工业化的面貌，刚好与多树木的Provencal风景融合在了一起。“在晴朗的日子里，”大卫·拉马塔（David Llamata）说道，“它如同镜子般映射出周边柏树树木和蓝天。”艺术家沿着建筑的一侧竖起了一根朝天的50英尺长的紫罗兰色的条钢，看起来就像是一个惊叹号。维内特以钢铁铸造结构艺术闻名。

木桐酒标可以说是现当代一部浓缩的艺术史。

2003 年木桐艺术酒标

2004 年木桐艺术酒标

2005 年木桐艺术酒标

2006 年木桐艺术酒标

2007 年木桐艺术酒标

附表一 法国名庄酒好年份列表

拉菲酒庄		拉图酒庄		玛高酒庄		木桐酒庄	
Chateau Lafite Rothschild, 1er Cru, Pauillac, Bordiaux		Chateau Latour, 1er Cru, Pauillac, Bordeaux		Chateau Margaux, 1er Cru, Margaux, Bordeaux		Chateau Mouton Rothschild, 1er Cru, Pauillac, Bordeaux	
年份	评分	年份	评分	年份	评分	年份	评分
1981	91	1981	88	1981	91	1981	79
1982	100	1982	100	1982	94	1982	100
1983	93	1983	88	1983	96	1983	91
1984	84	1984	84	1984	87	1984	80
1985	90	1985	88	1985	94	1985	90
1986	99	1986	90	1986	96	1986	100
1987	87	1987	86	1987	86	1987	89
1988	94	1988	91	1988	88	1988	89
1989	90	1989	89	1989	89	1989	90
1990	92	1990	96	1990	100	1990	87
1991	86	1991	89	1991	88	1991	86
1992	89	1992	88	1992	89	1992	91
1993	88	1993	90	1993	89	1993	90
1994	90	1994	94	1994	92	1994	91
1995	95	1995	96	1995	95	1995	95
1996	100	1996	99	1996	99	1996	94
1997	92	1997	89	1997	90	1997	90
1998	98	1998	90	1998	91	1998	96
1999	95	1999	94	1999	94	1999	93
2000	100	2000	98	2000	100	2000	97
2001	94	2001	95	2001	93	2001	89
2002	94	2002	96	2002	93	2002	93
2003	100	2003	100	2003	99	2003	95+
2004	95	2004	95	2004	93	2004	91—93
2005	96+	2005	96	2005	98+	2005	96
2006	97	2006	95	2006	93	2006	98+
2007	90—93	2007	90—93	2007	92—94	2007	90—94
2008	98—100	2008	96—98	2008	95—97	2008	94—96
2009	98—100	2009	98—100	2009	98—100	2009	96—98+

续表

奥比昂酒庄		白马酒庄		奥松酒庄		柏翠酒庄	
Chateau Haut Brion 1er Cru, Pessac Leognan, Bordeaux		Chateau Cheval Blanc, 1er Grand Cru Classe(A)		Chateau Ausone, 1er Grand Cru Classe(A)		Chateau Petrus, Pomerol, Bordeaux	
年份	评分	年份	评分	年份	评分	年份	评分
1981	85	1981	90	1981	82	1981	86
1982	94	1982	99	1982	93	1982	98
1983	87	1983	95	1983	94	1983	87
1984	84	1984	—	1984	—	1984	87
1985	94	1985	93	1985	80	1985	88
1986	93	1986	92	1986	—	1986	87
1987	88	1987	85	1987	88	1987	87
1988	91	1988	87	1988	90	1988	91
1989	100	1989	89	1989	88	1989	100
1990	96	1990	98	1990	88	1990	100
1991	86	1991	—	1991	92	1991	—
1992	90	1992	77	1992	80	1992	90
1993	92	1993	87	1993	85	1993	92
1994	93	1994	88	1994	86	1994	93
1995	96	1995	92	1995	93	1995	96
1996	92	1996	90	1996	93	1996	92
1997	89	1997	87	1997	91	1997	91
1998	96	1998	93	1998	94	1998	98
1999	93	1999	93	1999	95	1999	94
2000	98	2000	100	2000	100	2000	100
2001	94	2001	93	2001	98	2001	95
2002	89	2002	90	2002	95	2002	90
2003	95	2003	89	2003	100	2003	95+
2004	92	2004	90	2004	94+	2004	93
2005	98	2005	96	2005	100	2005	96+
2006	96	2006	95	2006	98	2006	93+
2007	91—94	2007	88—91	2007	91—94+	2007	90—93
2008	95—97	2008	95—97	2008	96—100	2008	98—100
2009	98—100	2009	98—100	2009	95—97+	2009	97—100

续表

伊甘酒庄 Chateau d'Yquem		罗曼尼康帝酒庄 Romanee Conti	
年份	评分	年份	评分
1981	90	1981	
1982	—	1982	90
1983	96	1983	
1984	—	1984	
1985	—	1985	100
1986	98	1986	
1987	—	1987	
1988	—	1988	97
1989	97	1989	
1990	99	1990	
1991	91	1991	
1992	—	1992	
1993	—	1993	
1994	—	1994	
1995	—	1995	
1996	—	1996	
1997	96	1997	95
1998	95	1998	
1999	92	1999	
2000	—	2000	
2001	100	2001	94
2002	—	2002	
2003	95	2003	
2004	—	2004	97
2005	95—98	2005	
2006	96—98+	2006	
2007	96—98	2007	
2008	95—97	2008	
2009	96—98	2009	

附表二 葡萄酒经验之产区、酒庄、酒品、葡萄的译名统一对照表

产区译名

Bordeaux	波尔多产区	Sud–Ouest	西南产区
Bourgogne	勃艮地产区，勃艮地产区	Languedoc–Roussillon	朗格多克—鲁西雍产区
Alsace	阿尔萨斯产区	Provence et Corse	普罗旺斯—科西嘉产区
Vallee de la Loire	卢瓦尔河谷产区	Champagne	香槟产区
Jura et Savoir	汝拉和萨瓦产区	附：	
Rhone Valley	罗纳河谷产区	Gironde	吉隆河

波尔多小产区	
Medoc	梅铎，梅多克
Graves	格拉夫，格拉芙
Pessac–Leognan	贝沙克·雷奥良，佩萨克·雷奥良
Pomerol	庞马洛，波美侯
Saint Emilion	圣艾美隆，圣埃米隆
梅多克产区划分	
Medoc	一般的“梅多克”
Haut–Medoc	上梅多克
上梅多克村庄级 AOC 产区	
Saint–Estephe	圣艾斯台夫
Pauillac	波亚克
Saint–Julien	圣朱里安
Margaux	玛歌
Listrac–Medoc	里斯塔克
加伦河左岸甜白酒 AOC 产区	
Sauternes	苏玳
Barsac	巴萨克
Cerons	西隆
加伦河右岸甜白酒 AOC 产区	
Cadillac	卡迪拉克
Loupiac	鲁皮雅克
Sainte–Croix–du–Mont	圣十字峰

酒庄译名

法国十大顶级名庄	
Château Lafite-Rothschild	拉菲庄
Château Latour	拉图庄
Château Margaux	玛歌庄，玛高庄
Château Mouton-Rothshild	木桐庄，武当
Château Cheval Blanc	白马庄
Château Ausone	欧颂庄，奥松庄
Château Petrus	柏图斯庄，柏翠庄
Château Haut-Brion	红颜容，奥比昂
Chateau d'Yquem	伊甘，伊甘，滴金
Romanee Conti	罗曼尼·康帝
波尔多其他名园	
Château Lafleur	拉斐尔酒庄
Vieux Château Certan	老色丹堡
Chateau Certan de May	德麦·色丹堡
Château La Conseillante	拉康斯雍酒庄
Chatteau L'Evangile	乐王吉堡
Chateau Clinet	克里耐堡
Chateau Montrose	孟特罗斯庄园，玫瑰山庄，玫瑰港
La Turque	杜克
Hermitage "La Chapelle"	贺米达治的"小教堂"
勃艮地其他名园	
La Grande Rue	勃艮地大街园
Clos de Vougeot	伏旧园，武乔
Meo Camuzet	美欧·卡木塞园
Musigny	木西尼，慕斯尼
Les Amoureuses	爱侣园
Clos Saint—DeniS	圣丹尼园
Clos de Tart	大德园
Clos de La Roche	德·拉·荷西园
Chambertin Clos de Beze	香柏坛，香贝丹·贝滋
Griotte-Chambertin	格若特·香柏坛
Clos des Corlons Faiveley	费复雷·寇东园

其他酒庄译名中法文对照

Chateau Valandraud	瓦朗德鲁
Chateau Angelus	金钟城堡
Chateau Eglise·Clinet	艾格利兹·克利内红酒
Chateau Cos d'Estournel	爱士图尔
Chateau Pichon Longueville	碧尚拉龙
Chateau Calon–Segur	卡龙世家
Chateau Evangile	艾凡吉尔
Chateau Ducru–Beaucaillou	宝嘉龙酒庄
Chateau Leoville barton	乐夫巴顿酒庄
Chateau Lynch–Bages	林贝吉古堡
Chateau Montrose	玫瑰港
Chateau Palmer	宝马庄、宝玛庄、帕玛庄、彭玛酒庄

主要葡萄品种译名

红葡萄品种	
Cabernet Sauvignon	解百纳—苏维浓，赤霞珠
Cabernet Franc	佛朗，品丽珠
Merlot	梅洛
Petit Verdot	小维铎，小维度，味而多
Pinot noir	黑皮诺，黑品诺
Gamay	佳美
白葡萄酒品种	
Chardonnay	莎当妮
Riesling	雷司令
Sauvigon Blanc	白苏维翁，长相思

附表三　世界葡萄酒基金情况一览表

名称	发行地 管理人	当前规模 认购起点	认购费率 管理费率 激励费率	资产池	业绩水平
Vintage Wine Fund 顶级葡萄酒基金	英国 OWC 资产管理公司，Andrew Davison	1.15 亿欧元； 10 万欧元	2% 认购费 2% 管理费 15% 激励费	波尔多、勃艮地、罗讷河谷，90% 资产为葡萄酒实物	2010 年上半年回报率 16.43%
Wine Investment Fund	英国 Anpero Capital LLC	4000 万英镑； 个人 1 万英镑，机构 50 万英镑	个人 5% 认购费，机构为 0；管理费个人 1.5%，机构 2%；20% 激励费	基本由 finest Bordeaux Châteaux 中选出，购买至少 4 年以上的股票	年均 13%—15%
Fine Wine Gear Growth	英国 Curzon 资本有限责任公司	660 万英镑； £20,000	申购费 4% 20% 激励费	90% 以上在 BORDEAUX Cru Classe Wine; 不超 10% 在 Burgundy fine 葡萄酒	累计达 13.16%
The Fine Wine Fund	英国 Wine Asset Managers	1000 万英镑以上； £50,000	2% 管理费率 15% 激励费	Bordeaux 投资级 prestigious chateaux, 其他顶级 Burgundy, the Rhone Valley, Champagne 和 white Bordeaux.	年均 15.39%，累计 58%
ARCH Fina Wine IC Ltd	英国 ARCH 金融产品有限责任公司	370 万英镑； £75,000	2% 管理费率 20% 激励费	50% 在一级和二级 Cru Claret; 45% 在 Prestige Chateaux; 5% 在 Bordeaux 甜酒	累计回报率达 15%

续表

名称	发行地 管理人	当前规模 认购起点	认购费率 管理费率 激励费率	资产池	业绩水平
Lunzer Wine Investment	英国 Richmond Park 资本有限 责任公司 CEO:Peter Lunzer	110 million； 个人：上限 £250,000； 机构：下限 £250,000	2% 认购费 1% 管理费 3.5% 激励费 2% 认购费 1% 管理费 2.5% 激励费	Bordeaux 最好的红酒。 great Bordeaux Chateaux 地区的红酒	5 年期产品平均每月近 2% 的收益率
极致葡萄酒基金（Ultimate Wine Fund）	法国 FICOFI 公司	超过 3000 万美元； 30 万美元	1.5% 管理费 15% 激励费	波尔多、勃艮地名庄级葡萄酒柏翠、玛歌、木桐为重仓持有	每年投资回报率高达 12%
Nobles Crus	卢森堡 Elite Advisors	1300 万欧元； 12.5 万欧元	2% 管理费 1% 认购费率 20% 激励费	80% 资金投资于旧世界顶级酒庄现、期酒	年均 16%
Premium Wine Fund 优酒基金	新加坡 Premium 资产管理 有限公司 Mr. Eldric Ko	数据缺； $100,000	5% 认购费率 每年资产净值的 2% 为管理费率； 到期日支付 20% 的任何资产净值增量年息	来自波尔多，勃艮地和跨最近和过去年份的罗讷河谷地区，主要是法国葡萄酒	年均增长率 15.9%； 2009 年增长 12.92%，2010 年初至今增长 8.79%
Wine Growth Fund	卢森堡 Wine Growth Fund GP S.à r.l. Henning Thoresen	8000 万欧元； 100,000 欧元（A 级）， 250,000（B）， 5,000,000（I）	A 级 5% 管理费； 20% 激励费 B 级 5% 管理费； 20% 激励费 A 级 25% 管理费； 20% 激励费	最大化收益，中性敞口，有重点分散化投资级别红酒，包括 “en primeur” wines（红酒期货）	至 2010 年初 3 年期产品累计收益率为 42.29%；
The Fine Wine Appreciation Fund 1	美国 Bacchus Partners	330 万美元； 10 万美元	2% 管理费； 20% 激励费； 收益小于 8% 不提报酬	1/2 波尔多 1/4 勃艮地， 西、意、澳、美等	2009 年 6 月累计 73.9%

续表

名称	发行地 管理人	当前规模 认购起点	认购费率 管理费率 激励费率	资产池	业绩水平
Vinum A （开放式）	英国根西岛 Vinum Fund Managers Limited	A、B、C 总计 500 万英镑； 1 万英镑	申购费 6% 1.5% 管理费 20% 激励费	波尔多投资级期酒与现酒	15%—18% 年均回报
Vinum B （开放式）			申购费 5% 1.75% 管理费； 20% 激励费	波尔多投资级期酒与现酒	15%—18% 年均回报
Vinum C （开放式）			申购费 5% 1.75% 管理费； 20% 激励费	波尔多投资级期酒与现酒	15%—18% 年均回报
CMG fund 2 （封闭式）	香港 法国酒庄管理集团	超过 200 万欧元； 5 万美元	1.5% 管理费； 投资期间年度回报超 5%，收 20% 业绩提成费	梅多克、圣埃米利永、波美侯顶级酒庄期酒现酒	5 年累计 79% 投资期间年度回报 11%—15%
CMG fund 3 （封闭式）				梅多克、圣埃米利永、波美侯顶级酒庄期酒现酒	5 年累计 69% 投资期间年度回报 11%—15%
CMG fund 4 （封闭式）				梅多克、圣埃米利永、波美侯顶级酒庄期酒现酒	5 年累计 69% 投资期间年度回报 11%—15%